战略性新兴领域“十四五”高等教育系列教材

信息物理系统原理与设计

张利国　詹璟原　邓　恒　石　睿　编著

机械工业出版社

当前，以人工智能为代表的新一代信息技术发展迅猛。其中，信息物理系统正成为支撑这一发展的关键技术，也被誉为是引领新一轮科技革命和产业变革的核心技术体系。信息物理系统不仅集成了计算、通信与控制的技术与方法，更侧重计算过程与物理过程的相互影响和深度融合。

本书主要讲述信息物理系统的基本原理，围绕系统建模、模型验证、系统设计与应用三方面进行详细介绍。在系统建模方面，概述自动机模型和常微分方程，进一步将两者结合，介绍混杂自动机模型和组合模型。在模型验证方面，讨论安全性需求和活性需求，进而介绍基于不变量的验证方法。在系统设计与应用方面，重点探讨信息物理系统面向自动驾驶车辆、多机器人系统、多旋翼飞行器和自主航天器的系统设计。每章都配以案例分析来阐述信息物理系统在实际工程问题中的应用，给出信息物理系统的基本原理和设计思路，同时将数学方面的复杂性降到最低，方便读者从本质上深刻认识信息世界与物理世界的融合交互，理解计算、通信和控制等异构系统的深度交叉应用。

本书不仅适合作为普通高等院校自动化类、电子信息类、计算机类和电气类等相关专业的高年级本科生和研究生教材，也适合具有相关经验的研究人员和工程技术人员参考使用。

图书在版编目（CIP）数据

信息物理系统原理与设计 / 张利国等编著. -- 北京 ：机械工业出版社，2024. 12. --（战略性新兴领域“十四五”高等教育系列教材）. -- ISBN 978-7-111-77655-0

Ⅰ. TP271

中国国家版本馆 CIP 数据核字第 2024VB2385 号

机械工业出版社（北京市百万庄大街22号　邮政编码100037）
策划编辑：吉　玲　　　责任编辑：吉　玲　聂文君
责任校对：梁　园　薄萌钰　　封面设计：张　静
责任印制：李　昂
北京捷迅佳彩印刷有限公司印刷
2024年12月第1版第1次印刷
184mm×260mm・8印张・197千字
标准书号：ISBN 978-7-111-77655-0
定价：39.00 元

电话服务　　　　　　　　　网络服务
客服电话：010-88361066　　机　工　官　网：www.cmpbook.com
　　　　　010-88379833　　机　工　官　博：weibo.com/cmp1952
　　　　　010-68326294　　金　　书　　网：www.golden-book.com
封底无防伪标均为盗版　　　机工教育服务网：www.cmpedu.com

前言

PREFACE

21 世纪以来，伴随信息技术的迅猛发展，一些新兴的信息技术名词泉涌而出，如物联网、互联网+、云计算、大数据、工业 4.0 等，而信息物理系统（Cyber-Physical System，CPS）是其中十分引人关注的技术热词之一。CPS 作为一个正式的概念于 2006 年由美国国家自然基金委员会科学家 Helen Gates 提出后，就被美国、欧盟和中国等定位为影响未来科技研究、国家信息技术与产业融合发展的战略目标。

从技术上讲，CPS 是为解决信息技术对传统产品数字化后带来的问题进行的一次系统性思考。这些问题包括数值计算误差积累、跨平台的计算时序性、开环控制的不确定性、分布式计算的网络时延、多核计算的调度性以及长生命周期产品的运维等。在应用层面上，CPS 通过计算资源与物理资源的紧密结合与协调，实现了系统的实时感知、动态控制和信息服务，提升了系统的可靠性和效率。同时，得益于无线传感器-执行器网络、物联网、数据驱动分析和人机交互等技术的发展，CPS 已广泛应用于电力、水资源、交通运输、医疗、航空、智能制造等众多领域。

本书是在北京工业大学相关课程教学基础上形成的，既可以作为信息领域高年级本科生及研究生的教材，也可以供工程技术人员自学参考。本书给出了 CPS 的基本原理和设计思路，同时将数学方面的复杂性降到最低，而且给出理论结果的实际应用。本书的目的是让读者从本质上深刻认识信息世界与物理世界的融合交互，理解计算、通信和控制等异构系统的深度交叉应用。

为了达到上述目的，本书在内容上强调 CPS 的 3 个主要问题：

1）系统架构。CPS 是一种将计算进程与物理过程深度融合的综合性系统。其系统架构的核心在于物理世界与数字世界的交织融合，而非简单的叠加组合，这是实现控制、通信与计算无缝集成的关键。开发创新的系统架构，以全面支持 CPS 的集成和互操作性，可以提升系统的可靠性和性能，同时促进不同组件和子系统之间的高效协作。

2）模型验证。CPS 组件不仅需要具备高度的可靠性与可重构性，而且从单个组件到完全集成的系统都应具备可认证性。基于科学和实证的方法来评估系统的可靠性，引入新的模型、算法、方法和工具，以实现软件和系统层面的验证与确认，是 CPS 设计中不可或缺的一环。

3）分布式计算。大型网络化 CPS 通常包含多个子系统和组件，这些组成部分之间的互动可能导致系统行为的复杂化，增加潜在故障点的数量。为了满足异构协作组件的高可靠性和安全性需求，需要开发一系列框架、算法、方法和工具，实现组件在多个空间和时间尺度上与复杂物理环境进行交互。

本书主要涵盖 CPS 的系统建模、模型验证、系统设计与应用三部分内容。关于系统建模，首先概述自动机模型，然后详细介绍常微分方程，结合自动机和微分方程，介绍混杂自动机模型，进一步讨论组合模型。关于模型验证，讨论安全性需求和活性需求，进而介绍基于不变量的验证方法。关于系统设计与应用，重点探讨 CPS 在自动驾驶车辆、多机器人系统、多旋翼飞行器和自主航天器中的应用，并深入分析这些领域的系统设计与实践案例。

本书由 4 位编者合作完成，所有编者均长期从事 CPS 相关的教学和科研工作，在本书编写过程中，大家进行了多次集体讨论和修改，每位编者都贡献了宝贵的智慧和辛勤的劳动。

由于编者水平有限，加之 CPS 的理论与技术发展迅速，一些重要的问题尚未达成共识，因此在本书中难免存在不妥之处，恳请广大读者批评指正。

编者

目录

CONTENTS

第 1 章 绪论

信息物理系统（Cyber-Physical Systems，CPS）是一种将计算进程与物理过程深度融合的综合性系统。其运行特性由系统的数字信息部分和实体物理部分共同决定。在这个系统中，嵌入式计算机和网络负责监控并调控物理过程，而这些物理过程又通过反馈循环反过来影响计算过程。CPS 的核心在于物理世界与数字世界的交织融合，而非简单的叠加组合，这种特性对人们的认知提出了新的挑战。因此，孤立地了解物理组件和计算组件是远远不够的，还需要深刻认识两者之间复杂的互动机制。

1.1 什么是信息物理系统

CPS 的实际应用潜力巨大，甚至可能超越 20 世纪信息技术革命的成就。本节将通过一些应用示例来介绍 CPS 的工程原理及其设计流程。

示例 1-1　本示例探讨在图 1-1 所示的城市交通环境中，交通信号灯与车辆如何协同工作，以确保交通流的高效性。设想这样一个场景：在大多数情况下，如果某个方向没有其他车辆需要通过路口，那么即使信号灯显示为红灯，车辆也不必停下来等待。这种智能化的交通管理方式能够显著提高道路的通行能力和行车效率，减少不必要的停车和起动，进而降低油耗和排放。

图 1-1　城市交通环境中交通信号灯与车辆协同

实现这种智能交通系统主要有两种方法。一种方法是安装先进的道路设施，如地感线圈、视频摄像头等，用于检测道路上的车辆位置和数量。这种方法虽然能提供准确的车辆信息，但建设和维护成本较高，且可能受到恶劣天气的影响。

相比之下，另一种更为灵活且经济有效的方法是让车辆本身具备自主协作的能力。每辆车都配备传感器和通信模块，可以实时感知自身的位置信息，并与周围车辆通信进行数据交换以协同使用共享的道路资源，如交叉路口。

当然，第二种方法的实现离不开系统的高可靠性。在交通管理中，任何系统故障都可能导致严重的交通事故，造成人员伤亡或财产损失。因此，开发者必须采取多重安全措施，如冗余设计、异常检测算法等，来最大限度地降低风险，确保智能交通系统的稳定运行。此外，还需考虑法律法规的要求，确保技术的应用符合当地的安全标准和交通规则。

示例 1-2 本示例聚焦于自动驾驶车辆领域。当前，诸如自动紧急制动(AEB)、车辆稳定性控制(ESC)和自适应巡航控制等增强型安全驾驶辅助功能，已经成为许多新型汽车的标准配置。这些技术不仅可以有效提升驾驶的安全性，还能够极大地改善驾驶的便捷性和舒适度。随着技术的不断革新，正逐步提升车辆自动化程度，旨在实现自动变道、车队协同驾驶以及在复杂城市交通环境中的全自动驾驶。

自动驾驶车辆的计算流程及其相关模型是一个高度集成的技术架构(见图 1-2)。自动驾驶车辆通过集成多种先进的传感器，包括摄像头、雷达、全球卫星导航系统和激光雷达(LIDAR)，来收集周围环境的多维度数据。随后，这些数据被输入到一系列复杂的算法中，包括计算机视觉、机器学习和滤波算法等，用于构建车辆对周围环境的深度理解和内部表示。这一内部表示对于车辆的驾驶决策至关重要，如判断何时超车最为安全或规划怎样的行驶路径最为高效。此外，这种内部表示还直接指导车辆的低层级控制，如精确的转向角度调整和加速踏板力度控制，以确保车辆能够平稳、安全地行驶。

图 1-2 自动驾驶车辆关键技术

通过这种高度集成和智能化的处理方式，自动驾驶车辆不仅能够有效识别和应对各种交通状况，还能在复杂的城市环境中实现自主导航，从而极大地提高交通效率和安全性。随着相关技术的进一步完善和发展，可以预见，自动驾驶车辆将在未来的交通系统中发挥重要作用，为人们带来更加安全、便捷的出行体验。

以上两个示例都是将信息世界与物理世界组合在一起，实现计算、通信、控制反馈闭环交互的 CPS。CPS 具有以下几个显著特征：与传统计算模型不同，CPS 与环境持续不断地进行从输入到输出的交互，这种反应式计算模式要求系统能够实时响应环境变化，而不仅仅是简单地根据输入生成输出；CPS 采用分布式并发计算过程，而不是传统的顺序执行指令序列，这种并发性使得系统能够同时处理多个任务，极大地提高系统响应速度和效率；CPS 是混杂系统，集成了计算设备和物理装置，系统通过传感器收集物理世界的实时数据，并通过执行器对物理过程进行控制，形成闭环反馈控制系统，这种特性使得 CPS 能够实时调整其行为以适应环境的变化；CPS 需要在严格的时间约束下运行，确保计算和通信的及时性，这意味着系统必须考虑计算执行和通信消耗的时间，以保证对物理过程的实时响应；CPS 广泛应用于交通、医疗和工业控制等关键领域，因此其安全性和可靠性至关重要。

在系统开发过程中，CPS 不仅融合了多种先进的理论方法，如数学计算误差精度、系统构件模型设计以及使用分析工具对系统模型进行验证，还特别强调了基于形式化模型和验证方法的安全攸关应用方法。这种方法确保系统能够在各种复杂情况下保持稳定运行，有效预防潜在风险与故障的发生。这些特性共同构成了 CPS 的独特性质，使它在现代技术领域占据不可或缺的地位，特别是在具有高实时性和可靠性需求的应用场景中。

除上述例子外，还有非常多 CPS 的应用实例，如协助老年人的系统、允许外科医生在远程位置进行手术的远程手术系统、相互配合以平滑电网电力需求的家用电器。此外，利用 CPS 改进现有系统的潜力是显而易见的，如机器人制造、发电和配电、化工厂的过程控制、分布式计算机游戏、制造商品的运输、建筑物的供暖/制冷和照明、电梯等系统。这类技术改进对安全、能源消耗和经济的潜在影响是深远且广泛的。

这些 CPS 都可以使用图 1-3 所示的架构进行部署。该架构主要由 3 部分组成。首先，物理装置代表 CPS 中的“物理”层，表示系统中未通过计算机或数字网络实现的部分，如机械部件、生物或化学反应过程以及人工操作者等。其次，计算平台由传感器、执行器、一台或多台计算机以及一个或多个操作系统组成。最后，通信网络作为连接各计算节点的桥梁，提供了计算机之间通信的机制。计算平台与通信网络的紧密结合，共同构建了 CPS 的核心框架。

图 1-3 所示架构有两个计算平台，每个平台都配备了各自的传感器或执行器。执行器所采取的动作通过物理装置影响传感器提供的数据。图 1-3 中，计算平台 2 通过执行器 1 对物理装置进行控制，并使用传感器 2 测量该物理装置内部的过程变化。标记为“计算部件 2”的模块实现了一种控制算法。该算法利用从传感器接收到的数据来决定向执行器发送何种指令。这一过程被称为反馈控制回路。同时，计算平台 1 通过传感器 1 进行额外的测量，并经由通信网络将这些信息传递给计算平台 2。计算部件 3 则实现了另一种控制算法，该算法与计算部件 2 相辅相成，必要时可优先处理来自计算部件 2 中的信息。

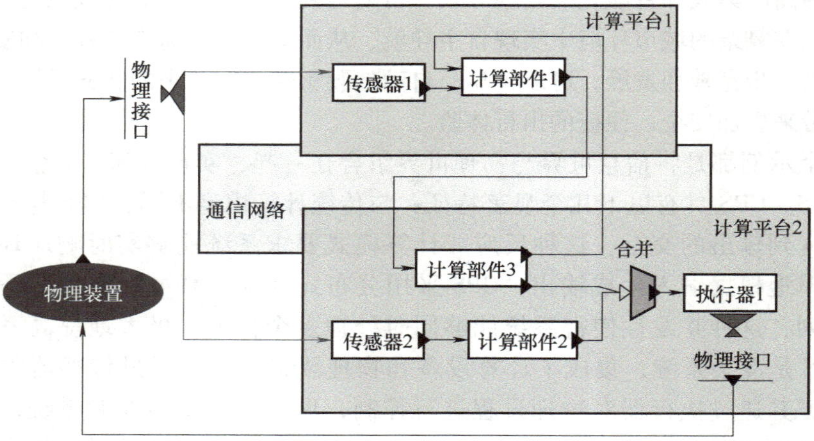

图 1-3　CPS 的架构示例

1.2　信息物理系统研究的关键问题

CPS 的研究目前仍处于起步阶段，不同专业领域或机构之间的壁垒导致 CPS 研究被分割成多个孤立的子学科，如传感器、通信与网络、控制理论、数学、软件工程和计算机科学等。例如，在系统的设计与分析过程中，研究者们采用多种建模形式和工具，每种方法各有侧重，有的强调某些特性而忽视其他方面以使分析易于处理。通常情况下，某一特定的形式化手段可能在表示信息处理方面表现优异，但在描述物理过程上存在局限性，反之亦然。

物理过程的建模通常使用微分方程，而离散行为和控制流则使用 Petri 网和自动机等框架来表示。尽管这种建模和形式化的方法可能足以支持基于组件的“分而治之”方法来进行 CPS 开发，但在验证系统级设计的总体正确性、安全性以及组件间复杂行为交互方面，这种方法仍然存在显著不足。下面将深入探讨 CPS 研究领域面临的主要问题。

1.2.1　抽象和架构

为了加速 CPS 的设计和部署，开发创新的抽象方法和架构，以实现控制、通信和计算的无缝集成，已成为当务之急。例如，在通信网络中，不同层级间的接口已实现标准化。一旦确立，这些标准接口便能支持模块化开发。这种模块化设计不仅简化了开发流程，增强了系统的灵活性与可维护性，还促进了异构系统的即插即用式组合，为技术创新和大规模推广铺平了道路，这一点在互联网的发展历程中得到了充分证明。

然而，现有的科学和工程基础尚不足以支持 CPS 的常规化、高效、稳健和模块化的设计与开发。当前的方法普遍缺乏统一的抽象概念和架构设计，导致组件间的集成与互操作性面临诸多挑战。例如，控制理论、通信技术和计算平台之间的协调不足，增加了系统设计的复杂度和错误率。此外，标准化工具和方法的缺乏也限制了开发人员的创新空间。

例如，在多个智能电网研讨会上曾广泛提及和讨论过这些问题。随着柔性交流传输装置和相量测量单元（Phasor Measurement Unit，PMU）技术的突破，智能电网的广域控制迎来了新的机遇。美国能源部赞助的北美同步相量计划已经在 PMU 硬件上投入了大量资金。未来的工作重点将转向实时动态监测、预测和系统控制的数据融合和分析。随着对广域通信和控制依赖性的增加，智能电网中网络系统与物理系统组件之间的紧密协作变得尤为重要，尤其是混合数字模拟系统、复杂的紧急系统，以及大规模时变系统的先进软件系统之间的集成。为了增强智能电网的安全性、效率、可靠性和经济效益，需在多尺度网络系统和物理系统组件之间的协调与可操作性方面取得突破性进展。

因此，迫切需要开发和采纳标准化的抽象和架构，以全面支持 CPS 的集成和互操作性。这些标准化的方法不仅能够简化系统的设计与开发，提升系统的可靠性和性能，还能通过建立统一的接口和协议，促进不同组件和子系统之间的高效协作，从而推动 CPS 领域的创新。

1.2.2 验证和确认

为了应对未来的挑战，必须开发超越现有技术水平的硬件和软件组件、中间件及操作系统。这些组件不仅需要具备高度的可靠性与可重构性，而且从单个组件到完全集成的系统都应具备可认证性。这意味着，如此复杂的系统必须具备当前大多数网络基础设施所缺乏的高可信度。

以下一代航空运输系统为例，它实现的关键技术挑战之一就是复杂飞行关键系统的验证与确认，其核心在于确保下一代航空运输系统操作的可靠性、安全性和高效性。航空飞行关键系统验证和确认研究的目标包括，提供严格和系统的高层次验证方法，从最初的设计到实施、维护和修改，确保系统安全特性和需求得到全面验证；探索复杂性和验证方法之间的平衡，以支持系统的鲁棒性和容错性，确保在复杂环境中系统的可靠运行。

在控制工程领域，面临的挑战还包括，大规模、实时、确定性鲁棒或随机优化算法；多目标、多利益相关者优化框架；退化模式的自动化设计；安全诊断/健康监测方法；促进分布式决策的系统架构；异构传感器的数据融合和衍生信息的价值评估等。随着系统复杂度的不断提升，验证和安全保证的成本可能会大幅增加，从而影响设计和制造的整体成本。航空业已经意识到验证与确认是至关重要的研究方向，需要投入更多资源和努力，以确保下一代航空运输系统的顺利实施与广泛应用。

目前，余度设计被视为确保系统安全性和成功认证及部署的唯一途径。然而，对于日益复杂的设计和需要高度互操作性的系统来说，这种方法正变得越来越难以管理和实施。“测试至资金耗尽”显然不是一条可持续的道路，因此，迫切需要基于科学和实证的方法来评估系统的可靠性。在控制设计阶段，引入新的模型、算法、方法和工具，以实现软件和系统层面的验证与确认，成为不可或缺的一环。

1.2.3 分布式计算和网络化控制

网络化控制系统的设计与实现面临着多方面的挑战，这些挑战涵盖了时间驱动和事件驱动的计算、软件开发、可变时间延迟、系统故障、动态重新配置，以及分布式决策支持系统等多个方面。具体而言，包括如下这些挑战：

1）实时服务质量保证的协议设计。在无线网络中，设计能够确保实时服务质量的协议尤为关键。由于无线网络的不稳定性及外界干扰，可能导致数据包丢失和传输延迟，这对实时控制构成了巨大挑战。

2）控制律设计与实时实现复杂性之间的平衡。在设计控制律时，需在控制性能和实时实现的复杂度之间寻找平衡点。过于复杂的控制律可能难以在有限的计算资源下实现实时响应，而过于简单的控制律可能无法达到预期的控制效果。

3）连续时间系统和离散时间系统之间的桥接。在网络化控制系统中，物理过程通常表现为连续时间特性，而控制算法的执行则是离散时间的。如何在这两种时间域之间进行有效转换和协调，以确保控制指令的准确性和及时性，是该领域的一大技术难点。

4）大型系统的鲁棒性。大型网络化控制系统通常包含多个子系统和组件，这些组成部分之间的互动可能导致系统行为的复杂化，并增加潜在故障点的数量。因此，确保此类系统的鲁棒性及容错能力，是 CPS 研究中的一个重要课题。

CPS 在生物医学和医疗保健领域中面临众多机遇和挑战，包括智能手术室和医院、图像引导手术和治疗、医学和生物分析中的流体控制，以及物理和神经假体的开发等。随着医疗保健行业对联网医疗设备和系统的依赖日益加深，这些设备和系统不仅要能够适应患者的个性化需求，还需具备动态重新配置的能力、分布式的特性，并能在复杂多变的环境中与患者及医护人员有效交互。

例如，在现代手术室中，如用于镇静的输液泵、提供呼吸支持的呼吸机和氧气输送系统及各种用于监测患者状况的传感器等设备，都需要能够灵活地组合成不同的系统配置，以适应特定患者或手术程序的要求。这些医疗设备不仅要能够高效协作，确保患者的安全和治疗效果，还必须能够实现信息的无缝交换，支持医疗团队做出快速而准确的决策。

另外，在医疗保健领域 CPS 研究也面临很多挑战，如医院重症监护设施的分布式监控、分布式控制和实时无线网络等方面。这些研究旨在提高医疗系统的可靠性和效率，确保即使在复杂多变的环境中也能够提供高质量的医疗服务。通过这些研究的推进，可以显著提升医疗保健系统的整体性能，更好地满足患者和护理人员的需求。

为了满足异构协作组件的高可靠性和安全性需求，需要开发并应用一系列框架、算法、方法和工具。这些组件需在多个空间和时间尺度上与复杂耦合的物理环境进行交互。通过这些技术上的突破，可以为 CPS 在各个领域的广泛应用奠定坚实的基础。从智能交通系统到智能制造，再到医疗保健和智慧城市，都将受益于 CPS 技术的发展。

1.3 信息物理系统应用上面临的挑战

1.3.1 信息物理系统的弹性

CPS 正越来越多地应用在电力、水资源、交通运输系统和其他网络等关键基础设施中。这些应用利用传感器-执行器网络、万物互联、数据驱动分析和接口等技术，促进了实时监控和闭环控制。CPS 的操作依赖计算组件和物理组件的协同作用，在许多情况下 CPS 也依赖人类决策者。从根本上讲，一旦承认 CPS 的操作依赖人类行为，也必须认识到恶意实体可以利用网络不安全或物理故障或它们的组合来控制 CPS。因此，为了提高 CPS 的弹性，需要高效的诊断工具和自动控制算法，以确保系统在存在安全攻击和随机故障时的生存能力，并在设计过程中考虑包括人类决策者的激励模型。

如图1-4所示，对CPS控制元件的网络攻击可能导致安全-关键测量和控制数据的可用性（拒绝服务攻击），以及完整性（欺骗攻击）的丧失。

1. CPS的网络漏洞

超级工厂病毒攻击事件证实，关键基础设施的控制系统是攻击团队的目标。这些攻击者拥有充足的资金和技术资源。CPS中的网络漏洞主要源于如下几方面：

1）更广泛地应用现成的信息技术设备。CPS继承了这些设备的漏洞，因此会受到软件错误和硬件故障的影响。

2）用标准开放的互联网协议和共享网络取代专有协议和封闭网络。恶意攻击者可以利用协议和网络的不安全性来针对CPS操作。

3）多方生成、使用和修改CPS数据。这给战略参与者（如运营商、IT供应商和最终用户）在访问控制和授权方面带来了新的挑战。

4）存在大量可远程访问的现场设备，因此传感器控制数据容易受到敌对操纵。

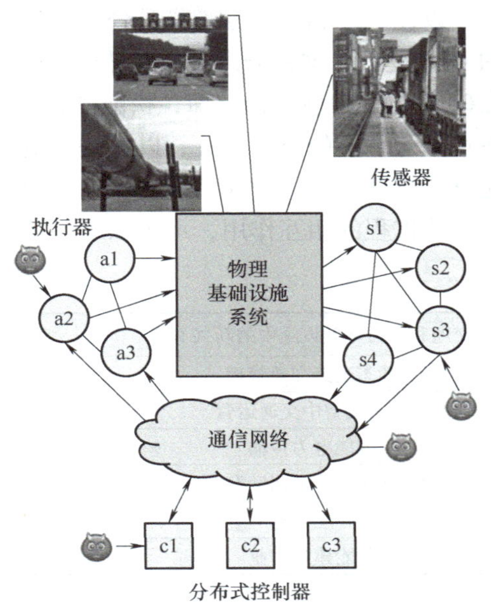

图1-4　对CPS控制元件的网络攻击

图1-5所示的容易受到攻击的控制系统设备地图是2012年12月美国国土安全部发布的，显示了大约7200个控制系统设备，这些设备似乎直接连接到互联网且容易受到攻击。

图1-5　2012年12月美国国土安全部发布的连接到互联网且容易受到攻击的控制系统设备地图

2. 用于弹性CPS运行的控制和激励工具

CPS的弹性运行需要具备以下高可信度属性：实时操作的功能正确性（通过设计），可靠性故障的鲁棒性（容错），甚至在成功攻击下的生存能力（通过攻击进行操作）。目前，CPS的设计者和运营商缺乏用于弹性运行的综合工具。这方面的主要挑战包括，信息物理过程的时空和混合动力学、大量相互依赖的交互作用、公共和私人不确定性的影响。值得注意的是，已经出现了两个不同领域的工具来应对这些挑战（见表1-1）。

（1）对网络的鲁棒控制　这些工具主要解决传感器-执行器网络闭环控制中的安全性和性

能问题。

(2)激励理论　这些工具提供了分析和影响人类决策者战略互动的方法。

以往，控制和激励工具是分开设计和实施的。由于传统的监控和数据采集系统缺乏先进的 CPS 技术，这种分离是很自然的。然而，现代 CPS 不再允许这种控制和激励工具的分离。在确保 CPS 弹性运行方面，松散耦合工具的失败在于在效率和对故障/攻击的鲁棒性之间存在长期未解决的设计冲突，以及缺乏适当的激励结构以使运营 CPS 的私营实体(或参与者)能够维持其弹性。因此，孤立地设计控制和激励工具，或者没有考虑 CPS 中私营实体与相互依赖进程的相互作用，不足以维持其弹性。

表 1-1　用于弹性 CPS 运行的控制和激励工具

交通和电力基础设施中的新兴 CPS	基于鲁棒控制理论的工具	基于激励理论的工具
动态道路交通管理	分布式传感与控制	拥堵收费和激励措施
新一代空中交通运营	鲁棒调度和规划	策略性资源重新分配
智能电力传输	广域监测	合同设计
电力市场(如非可调度发电机)	风险-限制调度	市场设计
智能配电	分布式负载控制	需求响应方案
节能建筑作业	设备的预测控制	节能激励机制

3. 弹性 CPS 设计上的挑战

集成弹性设计方法的开发需要一个严格的分析框架(见图 1-6)，以允许控制和激励工具的共同设计。该框架将使设计者和运营者能够通过维持以人为中心的元素与自动诊断和控制过程的协同集成，来建立 CPS 的弹性。

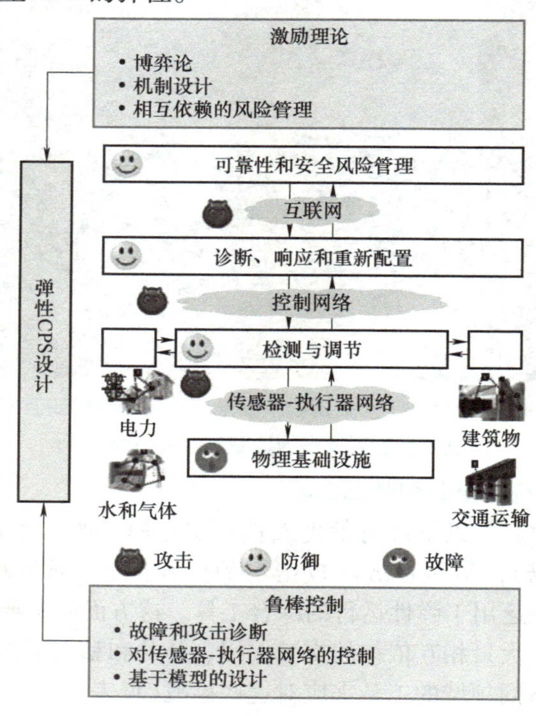

图 1-6　弹性 CPS 设计的挑战

1.3.2 信息物理系统的隐私保护

新兴的大规模监测与控制系统（如智能交通系统或智能电网）的运行依赖用户持续提供信息，这可能会导致用户的隐私泄露，进而延迟或阻碍这些新技术的应用，从而影响它们带来的潜在效益。

长期以来，信息披露一直是统计数据库分析备受关注的问题。随着传感器网络和其他智能信息源的发展，为了收集动态数据，围绕这些信息源建立保护个人隐私机制的需求日益增长，人们越来越需要开发新的理论框架和工具来应对这一挑战。

这类系统基于大量的用户数据生成公共综合信息，如某条道路上车辆的平均行驶速度，核心挑战在于确保从发布信息中无法反推出任何具体的个人信息。系统与控制科学领域为此类难题提供了基本见解，其中最关键的一点是如何在保证系统性能的同时，严格平衡好与个人隐私保护之间的关系。这要求在设计时既要考虑系统的效率和准确性，也要充分尊重并保障用户的隐私权。

1. 隐私的定义

定义隐私的量化概念是一个复杂的问题，但却是实现隐私保护不可或缺的第一步。隐私泄露往往源于所发布的一组人的信息能够与其他公开可得的信息相联系，因此仅对数据集进行匿名化处理通常不足以保障隐私。

为了权衡信息发布准确性与特定系统所能提供的隐私保护程度，学者们提出了几种正式的隐私定义。信息论定义具有坚实的理论基础，但需要对所有可用的公共信息进行统计建模，这在实践中极具挑战性。一种广为人知的隐私概念是k-匿名（k-anonymity）。它要求从已发布的数据中，任何个体的信息都无法与其他 $k-1$ 个个体的信息区分。差分隐私是近年流行起来的一种强力的隐私概念。差分隐私的特征为，发布的随机输出的概率分布以所需答案为中心，同时对数据集中任何特定个体的存在不敏感。

2. 智能电网与隐私

与 CPS 有关的隐私问题在智能电表领域尤其突出，甚至导致某些地区暂停了智能电表的安装。20 世纪 80 年代，研究人员注意到，仅通过观察电能表记录下的功率变化（见图 1-7），就能识别出家庭内部正在开启和关闭的具体电器，这种技术被称为非侵入式电器负载监控。其风险在于，通过频繁传输这些数据，智能电表可被用于监视住户的日常活动模式。事实上，目前安装在无数家庭中的部分自动抄表系统已经实现了每 30s 一次的广播频率。

3. 智能交通系统中的隐私问题

新兴的交通监测系统融合了多种来源的数据，包括来自支持全球卫星导航系统功能的智能手机的数据。仅依靠匿名化处理并不足以确保个人轨迹信息的私密性，因为大多数人仅通过了解最常访问的两到三个地点（如家和工作地点等）就能被轻易识别。如图 1-8 所示，通过经常访问的两个地点（出发点，目的地）就可以初步推断个人的工作或学习地

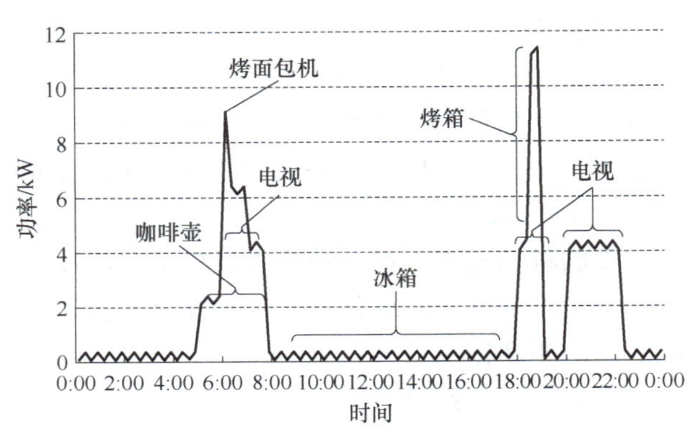

图 1-7 功率随时间的变化

点。为了解决这一问题，学者们利用 k-匿名算法以增加追踪特定用户身份的难度。同样，当前许多公共交通系统广泛使用的交通卡也存在类似的隐私问题。

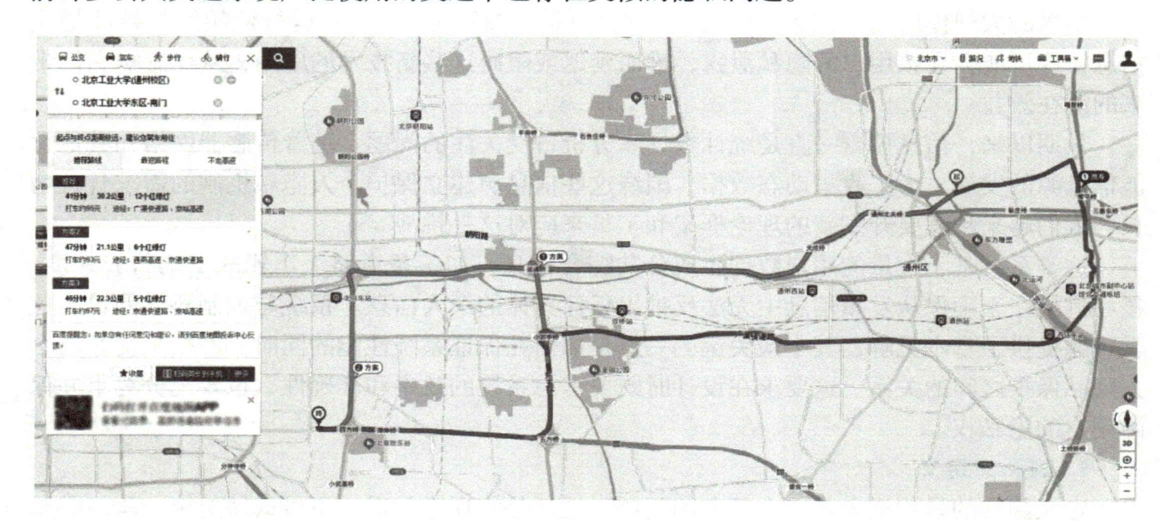

图 1-8 地图软件隐含的个人隐私

4. 隐私保护与控制理论

人们需要对 k-匿名等流行的隐私概念加以修改，才能在动态、实时系统中发挥有效作用。由于隐私与系统理论中的可观测性概念有关，所以控制理论（如最优估计）提供了重要的工具，可在不牺牲太多性能的情况下将隐私约束整合到这些系统中。此外，输出对特定个体数据的敏感性，也是设计不同隐私机制的一个重要研究对象，同时也与标准的系统增益概念相关。

这些例子表明，研究者完全有能力为设计严格的隐私方案做出根本性贡献，这些方案可以集成到许多 CPS 的核心技术中。通过增强用户保护机制，可以提升人们对这些系统的信任，从而鼓励人们采用，这也有助于提高这些系统的效率和性能。

1.3.3 信息物理系统的设计科学

通过计算和网络技术融合物理系统，CPS 已成为信息技术最广泛的应用方向之一，也是当前技术发展的一大热点。在交通、医疗保健、能源以及制造自动化等科技领域，这种融合产生了颠覆性的技术，创造了新的产业，并彻底改变了整个经济领域的现状。在工程系统中计算、物理和人类因素的深度融合促进了跨学科方法的发展，从而产生了科学与工程设计的新方法。信息与物理过程的高度紧密结合要求发展一门新的系统科学 CPS，以确保这些系统的效率、弹性、鲁棒性、安全性、可扩展性和安全性。

1. CPS 设计与控制理论

控制科学与工程在物理系统的分析和设计方面已经取得了显著的成就。现在，需要新的理论和工具来设计网络化的异构系统及其自动化与控制技术，同时考虑物理、通信和计算系统之间的相互作用。

CPS 为控制界提供了一个机会，可以扩展其严谨的理论基础和工程方法，在确保复杂系统的性能、可靠性、安全性和可行性方面发挥重要作用。

2. 设计复杂 CPS

研究人员和工程师面临的最棘手问题之一，就是如何将物理系统和计算过程稳健地集成到 CPS 中。网络的组成部分正在不断增加，并且对于飞机、汽车、航天器、电网、医疗设备等物理基础设施和其他应用提供先进功能至关重要。CPS 无处不在，目前 90%以上的微处理器都用于 CPS，并且它们不是独立计算机或企业系统。但是，设计紧密融合的计算与物理系统(包括建模、控制、验证和优化等)所需的理论基础和自动化工具却十分匮乏。下面依次从自动驾驶系统、监控与数据采集系统和生物医疗设备三个实例来说明复杂 CPS 设计面临的挑战。

(1) 自动驾驶系统　自动驾驶汽车既是网络实体，也是物理实体。如图 1-9 所示，一辆现代汽车可能有 100 多个处理器和 1000 多万行代码。多种汽车功能受软件控制，如发动机、变速器、后处理、悬挂和驾驶人控制系统。目前半自动(和完全自动)驾驶汽车正在开发，这给自动化系统设计提出了更多挑战。

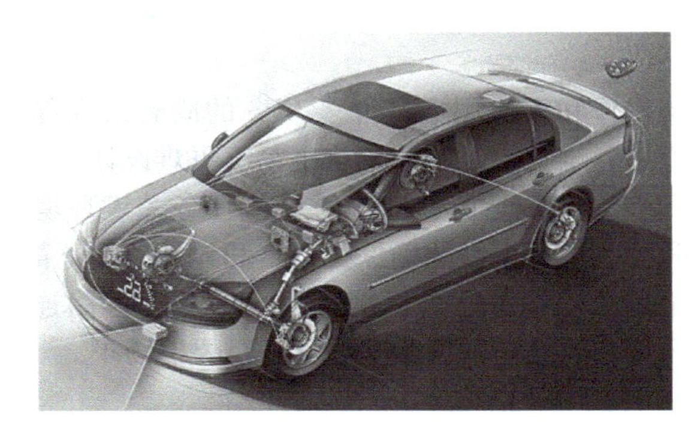

图 1-9　自动驾驶汽车

(2) 监控与数据采集系统　监控与数据采集(Supervisory Control and Data Acquisition，SCADA)系统在国家关键基础设施中发挥着重要功能，如输配电系统、石油和天然气管网、供水和污水管网以及交通系统(如图 1-10 所示)。SCADA 功能包括监测和控制大规模复杂物理过程，这些过程可能分布在远距离的多个站点。

图 1-10　地铁调度中心

(3) 生物医疗设备　生物医疗设备(如图 1-11 所示)，尤其是植入式设备，其运行直接关系到人的生命安全。这类设备越来越多地集成了嵌入式传感、控制和驱动功能，如胰岛素泵、心脏起搏器和植入式心脏除颤器等。

3. CPS 设计要点

（1）系统集成　CPS 架构需要将复杂的控制算法、通信协议和计算平台整合到网络化系统中，以保障实时、高可信度和鲁棒性。

（2）动态配置与可扩展性　在许多应用中，CPS 具有即插即用的组件，包括物理和网络元件。其控制系统必须能够在重新配置和系统扩展时无缝运行。

（3）系统、平台、控制的协同设计　传统的开发方法是先开发物理系统，然后是信息技术平台，最后是控制方法和算法，但这种方法已不再适用，如今需要一种集成、综合的设计范式。

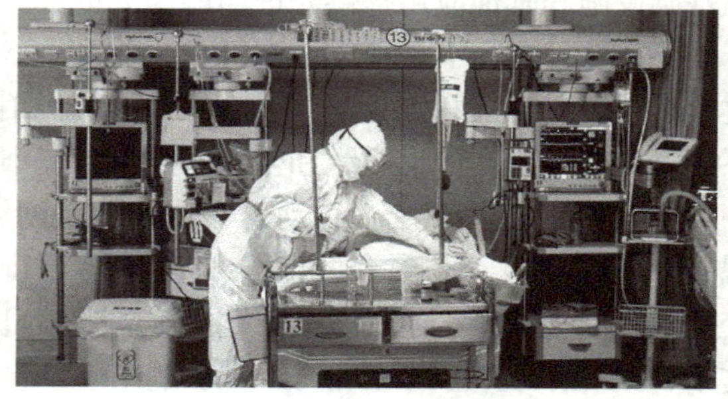

图 1-11　重症监护室

（4）人机交互　人工操作和人类用户是许多 CPS 的固有组成部分，这给控制系统设计增加了复杂性。在某些方面，半自主系统比全自主系统更难设计。

（5）验证与确认　大多数 CPS 运行在安全关键或任务关键环境中，故障的代价通常无法承受，因此在自动化和控制设计上必须确保在正常和异常条件下都能安全可靠地运行。

（6）网络安全　无论是医疗设备还是电网，其 CPS 都是网络连接的，因此，在抵御网络攻击方面实现足够安全性和弹性正在成为一项日益重要的需求。

1.4　章节概览

本书其余章节的安排如下：第 2~5 章涵盖 CPS 的建模，第 6 章专注于模型验证，第 7 章介绍 CPS 设计与应用。

第 2 章介绍用于程序建模的自动机，也称为离散转换系统。内容涵盖状态、变量、转换、执行、可达状态和不变量等基本概念。此外，还介绍自动机准确定义和 CPS 规范语言的基本结构，并深入介绍两种常见的自动机类型以及自动机语义。最后，利用两个示例展示如何将自动机模型应用于实际场景。

第 3 章介绍常微分方程（ODE），这是物理学和控制系统中的重要工具。本章将 ODE 与第 2 章中定义的概念联系起来，并引入解、稳定性等新概念。此外，本章还介绍用于验证线性 ODE 稳定性的标准李雅普诺夫（Lyapunov）方法，并简要讨论控制器的设计方法。

第 4 章将第 2 章的自动机与第 3 章的常微分方程结合起来，介绍混杂自动机建模框架。在混杂模型的背景下，回顾前几章的概念，如执行、可达性、不变量和稳定性，并讨论混杂系统特有的新现象，如芝诺执行和切换不稳定性。本章通过简单无缘轮、自主航天器对接系统和弹跳球系统等示例模型，详细说明这些概念的应用。

第 5 章介绍组合模型。大模型是由较小的部分组合而成的，各部分通过特定的相互作用组合在一起，从而成立一个统一的大模型。CPS 的各个部分可以通过多种方式交互作用。首先，介绍了时间自动机，它将第 2 章中的自动机推广到带时钟变量的自动机。接下来，介绍接口模型中的模数以及数模转换接口与模型，这是实现物理信号与数字信号之间转换的关键。进一步，讨论数字通信网络模型，并介绍数字通信网络在状态估计中的应用。最后，组合上述接口模型，介绍采样-保持控制的 CPS 实现模型。

第6章概述 CPS 的模型验证。首先，讨论汽车行业使用的 ISO 26262 标准；进一步介绍安全性需求和活性需求。安全性需求断言“坏的事情永远不会发生”，活性需求断言“好的事情最终会发生”。然后，给出用于精确表述系统属性的线性时态逻辑技术，并在此基础上给出基于不变量的验证方法，包括如何通过分析系统的可达状态来验证不变量，以及如何使用归纳不变量和弗洛伊德-霍尔(Floyd-Hoare)逻辑(即霍尔逻辑)来证明系统的安全性。最后，通过 Fischer 互斥问题和直升机控制分析的案例，展示形式化验证方法在 CPS 模型验证中的有效性。

第7章讨论 CPS 的设计与应用。重点探讨 CPS 在自动驾驶车辆、多机器人系统、多旋翼飞行器和自主航天器中的应用，深入分析这些领域的系统设计与实践案例。首先，通过建立车辆运动模型、设计监督控制器和构建混杂模型，分析自动驾驶车辆的监督控制机制。随后，讨论多机器人系统中的协同避障策略，以提高任务效率，确保安全性。接着，针对多旋翼飞行器，定义飞行状态与事件，并构建安全决策混杂自动机。最后，阐述自主航天器交会混杂系统模型及其原理应用。

参考文献

[1] LEE E A, SESHIA S A. Introduction to embedded systems: a cyber-physical systems approach[M]. Cambridge: MIT Press, 2016.

[2] ALUR R. Principles of cyber-physical systems[M]. Cambridge: MIT Press, 2015.

[3] BAIER C, KATOEN J P. Principles of model checking[M]. Cambridge: MIT Press, 2008.

[4] MITRA S. Verifying cyber-physical systems: a path to safe autonomy[M]. Cambridge: MIT Press, 2021.

[5] GRAHAM S, BALIGA G, KUMAR P R. Abstractions, architecture, mechanism, and middleware for networked control[J]. IEEE Transactions on Automatic Control, 2009, 54(7): 1490-1503.

[6] HOLZMANN G J. The SPIN model checker: primer and reference manual[M]. Reading: Addison Wesley, 2004.

[7] GIRIDHAR A, KUMAR P R. Scheduling traffic on a network of roads[J]. IEEE Transactions on Vehicular Technology, 2006, 55(5): 1467-1474.

[8] KAWADIA V, KUMAR P R. A cautionary perspective on cross-layer design[J]. IEEE Wireless Communications, 2005, 12(1): 3-11.

[9] HECK B S, WILLS L M, VACHTSEVANOS G J. Software technology for implementing reusable, distributed control systems[J]. IEEE Control Systems, 2003, 23(1): 21-25.

[10] SANZ R, ARZEN K E. Trends in software and control[J]. IEEE Control Systems, 2003, 23(3): 12-15.

[11] KOWSHIK S, BALIGA G, GRAHAM S, et al. Co-design based approach to improve robustness in networked control systems[C]//International Conference on Dependable Systems and Networks. Miami: IEEE, 2005: 454-463.

[12] STANKOVIC J A. VEST: a toolset for constructing and analyzing component based operating systems for embedded and real-time systems[C]//Embedded Software, Lecture Notes in Computer Science. Berlin: Springer, 2001: 2211.

第 2 章　计算建模

导读

本章探讨一种被称为自动机的计算模型。“自动机”这一术语起源于 19 世纪，最初是用来描述那些能够通过精密的机械装置来模拟人类动作的机械玩偶。在数学领域，自动机的概念超越了单纯的机械构造，它概括了计算过程中状态转换的规律。

接下来，深入介绍定义自动机的语言，包括其语法结构和语义内涵。为了更直观地展示自动机模型的应用，通过一个有限的离散自动机模型来进行说明。此外，还探讨自动机模型如何帮助理解某些计算任务的确定性与非确定性。

本章知识点

- 自动机的规范语言描述
- 自动机的定义和性质
- 不同类型的自动机

2.1　自动机简介

2.1.1　引例：车辆计数器系统

考虑一个用于统计通过桥梁车辆数量的系统，它能够实时监控桥梁上车辆数量情况。该系统模型如图 2-1 所示，当有车辆上桥时，*inbound* 组件会生成一个事件；相应的，当车辆下桥时，*outbound* 组件也会生成一个事件。*Counter* 组件则从初始值 *i* 开始，连续地记录桥梁上车辆数量的变化，每次变化都会生成一个事件，以更新显示的数据。

根据上述描述，可以观察到，*Counter* 输出的下一个状态不仅由输入信号 *inbound* 和 *outbound* 决定，还受 *Counter* 当前状态的影响。在车辆计数器的自动机模型里，每当出现 *inbound* 或 *outbound* 信号，*Counter* 的状态会依据既定规则进行转换，进而确定显示器上的输出值。

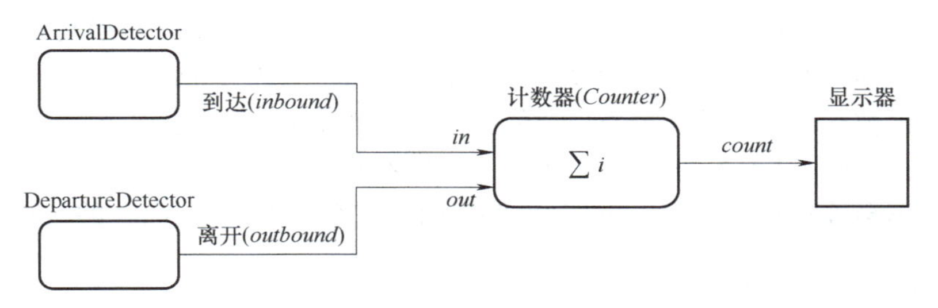

图 2-1　桥梁车辆计数器系统模型

2.1.2　自动机的语言基础

本书使用一种程式化的语言来定义自动机。下述 BridgeVehicleCounter 程序展现出如何用自动机语言来定义一个车辆计数器。该程序的定义分为三个部分：①actions 列举出对应状态变化的各种规则或动作；②variables 列举出状态变量；③transitions 列举出每个动作对应的状态转换规则。

BridgeVehicleCounter 自动机程序如下：

```
automaton BridgeVehicleCounter
  type Event:enumeration[inbound,outbound]
  actions
    handleEvent(event:Event)
  variables
    count:Integer :=initialCount
  transitions
      handleEvent(inbound)
    pre True
    eff count:=count+1
      handleEvent(outbound)
    pre count>0
    eff count:=count-1
  trajectories
    display
    evolve
      display:=count
    invariant count≥0
```

BridgeVehicleCounter 包含两个名字分别为 *inbound* 和 *outbound* 的事件，分别表示计数器的增加和减少，即接收到 *inbound* 或 *outbound* 信号增加或减少的计数值。变量部分声明并初始化自动机的状态变量，每个变量定义了包括变量名、数据类型以及可选的初始值。例如，变量 *count* 被定义为整数型变量，并设置初始值为 0。因此，桥梁计数值开始时为 0，且第一次计数只能是接收到 *inbound* 信号而触发。

BridgeVehicleCounter 的转换部分详细阐述每个动作所对应的状态转换规则。对于每个动作，通过关键字 pre 和 eff 来分别指明其前提条件和效果。其中，前提条件 pre 定义动作能够发生的条件，也被称作动作的保护条件或使能条件。效果 eff 则描述动作发生时状态的变化。以 *inbound* 动作为例，其前提条件始终为真，表明该动作可以在任何状态下执行，始终处于启用状态，且不会被阻止。当 *inbound* 动作触发时，它会立即改变 *count* 的状态。

2.1.3 自动机的工作原理

在图 2-1 所示的桥梁车辆计数器的示例中，将汽车每次通过桥梁的动作抽象为离散事件（Discrete Event）。与连续过程不同，离散事件并不占据一段时间，而是瞬间发生的。也就是说，对于任何时间 $t\in\mathbb{R}$，要么输入不存在，即该时刻没有事件；要么输入存在，即该时刻有事件发生。

图 2-1 所示的计数器运行过程如下：每当 *in* 端口检测到事件，计数器就会增加其内部存储的计数值 *count*，并将更新后的数值通过输出端口发送出去；相反，若 *out* 端口检测到事件，计数值则会相应减少，随后输出端同样会传输这个调整后的数值。在 *in* 和 *out* 两端口均为 *absent* 的情况下，此组件将不会产生任何输出。也就是说，*count* 此时不会对外部输出任何信息。由此，图 2-1 所示的 *count* 的输出的信号可以被建模为

$$c:\mathbb{R}\to\{absent\}\cup\mathbb{Z} \tag{2-1}$$

式中的 c 不是一个纯信号，但可以是 *absent*。与纯信号不同的是，当 c 为 *absent*，会对应整数值。

进一步假设：输入是离散的，即在大多数时间输入是不存在的，那么其输入就是一组离散信号，这些信号会在特定时刻定义事件发生，而在其他时刻则不定义事件发生。那么计数器的输出同样是离散的，当输入存在时，输出一个自然数值，而在其他时候则不产生输出。可见计数器的操作取决于输入信号是否存在，仅在输入信号存在时激活其功能，反之则无任何操作。这样的行为模式体现了计数器的离散动态特性。

离散系统的动态特性可被视为一系列即时响应的序列，每一次响应都是由当前所处的环境状态触发的，体现了即时性和条件性的特点。以图 2-1 所示的模型为例，一旦有一个或多个事件在输入端发生，计数器便会立即被激活，随之执行相应的操作，这表明离散系统的反应机制是基于事件触发的。简而言之，只有当输入端接收到信号时，系统才会产生反应；反之，若所有输入端均无信号输入，系统将保持静默，不执行任何操作。

从一个特定响应中，系统会监测某一特定时刻 t 的输入状态，并据此计算出相应的输出结果。假设计数器自动机具备若干输入端口，记作 $P=\{p_1,p_2,\cdots,p_N\}$。其中，p_i 代表第 i 个输入端口。同时，假定对于任意输入端口 $p\in P$，当有信号输入时，接收的数值属于一个预定义的集合 $type(p)$，此处 $type(p)$ 被命名为端口 p 的类型。

在此基础上，响应机制将每一端口 $p\in P$ 上的数值视为一个独立的变量，其取值范围限定于对应类型的集合 $p\in type(p)\cup\{absent\}$ 内。当系统进行一次响应时，会形成一组输入值的赋值，即为每一个变量分配一个来自它所属集合的具体数值；或者声明在某端口上没有输入信号，即变量值为空。

当端口 p 接收到一个纯信号时，可以说信号集合为 $\{present\}$，这意味着实际上是一个单元素集合，仅包含 *present* 这一个值。只要信号存在，变量 p 的唯一可能状态便是 *present*。因

此，在任意一次响应中，变量 p 的取值将限定在集合 $\{present, absent\}$ 之中。

可以对输出进行类似的指定。一个离散系统，具有类型为 $type(q_1)$，$type(q_2)$，…，$type(q_N)$ 的输出端口 $Q=\{q_1,q_2,\cdots,q_N\}$。在每一个响应中，系统给每一个 $q\in Q$ 分配一个值 $q\in type(q)\cup\{absent\}$，并且输出这些值。假定在没有响应的时刻 t，其输出均为 $absent$，所以离散系统的输出就是离散信号。

上述离散信号的概念是基于连续信号理论的扩展。它由一系列瞬时事件组成，这些事件在时间上是离散分布的。每个瞬时事件都可以视为一个单元素集，类似上述的连续信号情况。但离散信号中，这些事件随时间而变化。在离散信号中，每个瞬时点可能对应不同的事件或状态，但在任何给定的瞬间，信号的取值是明确的，即对应该瞬间事件的单元素集。接下来进一步详细探讨这个直观的概念。

考虑一种形如 e：$\mathbb{R}\to\{absent\}\cup X$ 的信号模型，其中 X 代表任意值的集合。如果一个信号在大部分时间里不存在，且出现的次数可以被有序地统计和记录，那么便可将它定义为离散信号。每当信号存在时，就会发生一个离散事件。

同时，对这些事件进行有序统计的能力至关重要。例如，如果一个信号 e 在所有实数时间点 t 上均存在，那么显然无法将它归类为离散信号，原因是信号的出现次数无法按照时间顺序进行计数。直观地说，这并非一系列按时间先后排列的瞬时事件，而是一个包含了无数瞬时点的集合。

为了形式化地定义，令 $T\subseteq\mathbb{R}$ 是 e 为存在的时间的集合，形式为

$$T=\{t\in\mathbb{R}:e(t)\neq absent\}$$

若存在一个保序的单射映射 f：$T\to\mathbb{N}$，那么信号 e 可被视为离散的。保序性确保了对于任意两个时间点 $t_1\in T$ 与 $t_2\in T$，若 $t_1\leqslant t_2$，则有 $f(t_1)\leqslant f(t_2)$。这种单射函数的存在确保了可以按时间顺序对事件进行计数。

为了进一步理解自动机工作原理，下面给出一个示例。

示例 2-1 在桥梁车辆通行系统中，输入端口的集合为 $p=\{in,out\}$。其中，in 端口用于监测车辆进入桥面的事件，out 端口则负责监测车辆离开桥面的情况。这两个端口接收的均为纯信号，信号类型设定为 $type(p)=type(out)=\{present\}$。当在某一时刻 t 有车辆驶入桥面，但没有车辆离开时，系统响应表现为 $in=present$ 且 $out=absent$，表明此时仅有车辆进入事件发生。反之，若车辆进入与离开的事件在同一时刻 t 同时出现，系统将记录为 $in=out=present$，反映了桥面上车辆进出并发的状况。

另一方面，若在某个时间点，桥面上既没有车辆进入也没有车辆离开，那么这两个端口的信号状态均为 $absent$，表示系统在该时刻未观察到任何车辆通行活动。

2.2 自动机定义

自动机也被称作离散时间转换系统或状态机，可以作为一类用于模拟计算的数学模型。本节对自动机所包含的具体内容进行详细介绍，并给出具体定义。

2.2.1 状态变量与赋值

状态包含了描述自动机行为的必要信息，通过状态变量的赋值来定义状态。

变量是一个命名的量，更准确地说，变量是一个名称和它所关联的类型，它可以在该类型上取值。对于一个变量 v，其类型由 $type(v)$ 表示。

在大多数情况下，变量可以是数学和编程中的常见类型，如整数(Int)、实数(Real)、浮点数(Float)、双精度浮点数(Double)、自然数(Nat)，以及枚举集合。此外，可以通过数组、列表、元组和记录等类型构造器，基于这些基本数据类型，来创建更复杂的自定义数据类型。

对于一组变量 V，每个变量 $v\in V$ 都会被赋予一个与其类型 $type(v)$ 相对应的值。以 $V_{Counter}$ 为例，其赋值 $\boldsymbol{v}$ 就是将每个变量映射到它对应类型的一个特定值。

$$\boldsymbol{v}=(inbound\mapsto absent, outbound\mapsto absent, count\mapsto 0)$$

对于给定的变量集合 V，$val(V)$ 代表 V 中所有变量可能的赋值组合的集合，这个集合也被称为模型的状态空间。$val(V_{Counter})$ 包含了 $inbound$、$outbound$ 和 $count$ 所有可能的值组合。这个状态空间可以表示为 $S=\{present, absent\}^2\times\{0,1,\cdots,N\}$，即 S 中的每个元素都能在 $val(V_{Counter})$ 中找到一一对应的元素，反之亦然。不过，需要强调的是，尽管这两个集合在结构上相似，但在本质上是不同的。具体来说，$val(V_{Counter})$ 中的元素是将 3 个变量名映射到布尔值和整数的映射关系，而 S 中的元素则是由 2 个布尔值和 1 个整数值组成的向量。

假设有一个赋值 $\boldsymbol{v}$，它属于 $val(V_{Counter})$ 这个集合。当需要从赋值 $\boldsymbol{v}$ 中提取特定变量的值时，如 $count$，可以使用限制操作符 $\boldsymbol{v}\lceil count$。这个操作符允许从整个赋值 $\boldsymbol{v}$ 中，仅关注并提取 $count$ 变量的值。操作符 $\lceil$ 的作用是将赋值 $\boldsymbol{v}$ 限定在某个特定子集上。具体来说，对于 V 中任意的变量子集 $X\subseteq V$，$\boldsymbol{v}\lceil count$ 会将每个变量映射到其类型中对应的值。

有限状态自动机也是一种计算模型，所有状态空间的集合为 $val(V)$，对于其中可能的每个状态赋值，用 $\boldsymbol{v}$ 表示。状态变量不多时，可以借助直观的图形表示法来描绘这种自动机，如图 2-2 所示。图 2-2 中，每一个状态通过一个节点表示，以此构成整个有限状态自动机的状态框架。在每个响应序列的开始，确定一个初始状态，如图 2-2 所示的 v_1。

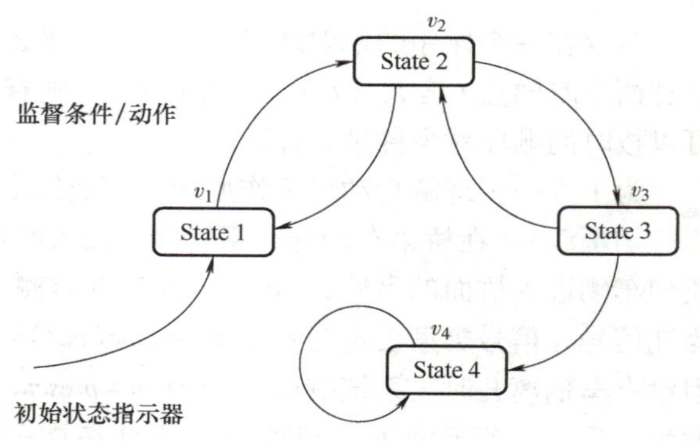

图 2-2　一个有限状态自动机的图形表示

2.2.2　转移

为了定义计算过程中状态之间的转移规则，需要识别两组状态：一组是变化发生之前的状态，称为“前状态”；另一组是变化之后的状态，称为“后状态”。这种状态之间的转换关系，简称为“转移”。它规定了状态是如何从一个转变为另一个的。从形式上看，对于一组变量 V，转移关系可以表示为 R。它是 $val(V)$ 与 $val(V)$ 的笛卡尔乘积的一个子集，即 $R\subseteq val(V)\times val(V)$。

如果计数变量被特别标记为 $V_{count}=\{count\}$，那么可以定义切换关系 R_{tog}。它是 $val(V_{count})$ 与自身相乘的一个子集，即 $R_{tog}\subseteq val(V_{count})\times val(V_{count})$，具体定义如下。

$$R_{tog}=\{((count\mapsto 0),(count\mapsto 1)),((count\mapsto 1),(count\mapsto 0))\}$$

如果直接通过列举所有可能的前状态和后状态来描述转换关系，那么这种关系很快就会变得非常复杂。因此，通常采用一种更高效的方法来指定转换关系，即在前状态和后状态上定义谓词。例如，可以通过定义前提条件(pre)和效果语句(eff)来明确一个转换关系 R，它是 $val(V_{count})$ 与自身的笛卡尔乘积的一个子集，即 $R \subseteq val(V_{count}) \times val(V_{count})$。具体来说，一个转换对 $(\boldsymbol{v}, \boldsymbol{v}') \in R$，当且仅当 $inbound \wedge \neg\, outbound$，并且 $\boldsymbol{v}' \lceil count = (\boldsymbol{v} \lceil count)$++。本书中的符号 $\neg$ 用来表示逻辑否定，运算符 $\wedge$ 则代表逻辑合取，$\vee$ 为逻辑析取。通常情况下，前提条件后面的谓词定义了转换规则可以应用的状态集合，而效果语句后面的谓词(可能是非确定性的)则关联了前状态和后状态。效果语句可能包含各种常见的操作符，如算术、逻辑和条件操作符。它们可能涉及非确定性选择的赋值。在效果语句中未提及的变量，假设它们在转换过程中保持不变。

谓词(Predicate)的概念补充：

给定一组变量 V，可以通过使用公式或谓词来简洁地指定赋值的子集，而不是枚举各个赋值。V 上的谓词是一个涉及 V 中变量的布尔值公式。例如，$inbounb \wedge \neg\, outbound$ 和 $\neg\, inbound \wedge outbound$ 是 Counter 的状态变量 $V_{Counter}$ 上的谓词。在特定场合下，将对谓词的语法进行精确的描述，现在假设所有标准的算术、逻辑、比较和关系运算符都可以直接使用。

自动机的离散动态性及从输入值到输出值的映射，均受状态间的转移控制。这些转移可通过图形化表达，展现出由箭头标记的从一个状态向另一个状态的路径，如图 2-2 所示。转移不仅涉及状态间的移动(如从某一状态转移到另一不同状态)，还涵盖了返回到原状态的情况(如图 2-2 所示的 v_4 到自身发生的转移操作)。这种转移被称为自转移。

图 2-2 中，由 v_1 到 v_2 的转移显著标有“监督条件/动作”，揭示了状态转换的双重要素。具体而言，监督条件(Guard)扮演着守门员的角色。它判断在一个响应上是否有某个特定条件得到满足，以此作为状态转移的决定性标准。另一方面，动作(Action)则界定了伴随每次状态变化时，系统将执行的具体输出或响应，确保了每个状态转换不仅基于预设规则，同时也会触发相应的系统响应或外部表现。

监督条件本质上是一个返回布尔值的逻辑表达式，其计算结果确定了转移的执行与否：仅当该条件求值为 *true* 时，系统才会从起始状态推进到指定的目标状态，此过程标志着转移的有效激活。至于动作部分，则是指向输出端口的具体指令，包括但不限于值的分配或明确声明某输出端口处于 *absent* 状态。值得注意的是，若某个转移未明确提及某输出端口的操作，则默认该端口处于 *absent* 状态。进一步地，如果转移中完全未定义任何动作，那么所有输出端口都将遵循此默认规则。这样的设计确保了状态机行为的精确性和控制逻辑的完整性。

如果 p_1 和 p_2 是离散系统的纯输入，那么以下就是一些有效的监督条件：

true	转移一直被激活。
p_1	当 p_1 存在时转移被激活。
$\neg\, p_1$	当 p_1 不存在时转移被激活。
$p_1 \wedge p_2$	当 p_1 与 p_2 都存在时转移被激活。
$p_1 \vee p_2$	当 p_1 或 p_2 任一存在时转移被激活。
$p_1 \wedge \neg\, p_2$	当 p_1 存在且 p_2 不存在时转移被激活。

这些逻辑操作符构成了逻辑表达式的基础，其中代表存在的 *present* 与 *true* 等价，而代表

不存在的 *absent* 则等同于 *false*。

假设离散系统还有类型 $V_{p_3}=N$ 的第三个输入端口 p_3，下面给出一些有效监督条件的例子：

p_3　　当 p_3 存在时转移被激活。

$p_3=1$　　当 p_3 存在且值为 1 时转移被激活。

$p_3=1 \wedge p_1$　　当 p_3 值为 1 且 p_1 存在时转移被激活。

$p_3>5$　　当 p_3 存在且值大于 5 时转移被激活。

在一个转移上，动作(即斜线后的部分)确定实施转移时会在输出端口上输出估值。如果 q_1 和 q_2 是纯输出，且 q 的类型为 N，那么以下就是一组有效的动作：

q_1　　q_1 是存在的，且 q_2 和 q_3 是不存在的。

q_1，q_2　　q_1 和 q_2 是存在的，且 q_3 是不存在的。

$q_3:=1$　　q_1 和 q_2 是不存在的，q_3 是存在的且值为 1。

$q_3:=1$，q_1　　q_1 是存在的，q_2 是不存在的，q_3 是存在的且值为 1。

在执行的转移操作中，若没有明确提及的输出端口，默认其状态为 *absent*。当给一个输出端口赋值时，使用符号 *name*:=*value* 来区别赋值和写为 *name*=*value* 形式的谓词。如图 2-1 所示，倘若只有一个输出，该赋值就不需要使用端口名。

为了进一步说明有限状态自动机的状态转移定义，下面给出一个示例。

示例 2-2　图 2-3 所示为桥梁车辆计数的有限状态自动机模型。其中，输入和输出标注为 *name*:*type*。该模型的状态集为 $val(V)=\{0,1,\cdots,M\}$，反映了车辆计数的离散状态。M 代表最大可承载车辆数。从状态 0 到状态 1 的转移有一个监督条件，记为 $in \wedge \neg\, out$，仅在 *in* 存在且 *out* 不存在时值为真。如果在一个状态响应中，当系统状态为 0 且监督条件为真，则执行转移步骤，状态随之更新为 1。同时，伴随着这一状态变化的动作指令输出端口输出值 1，用以计数新增的车辆。尽管输出端口 *count* 并未被明确命名，但由于模型仅含单一输出端口，所以不会引起混淆。

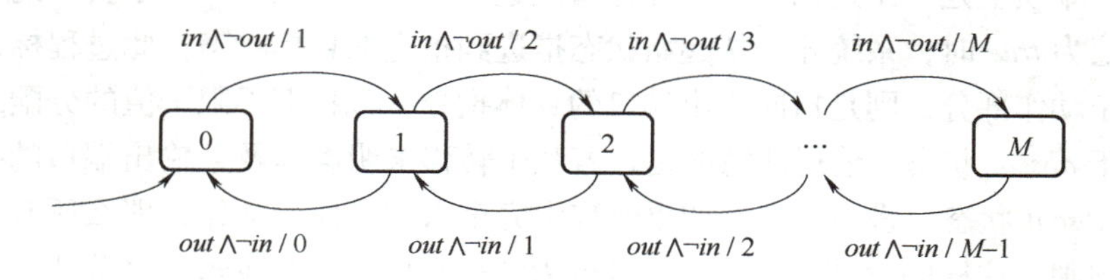

图 2-3　桥梁车辆计数器的有限状态自动机模型

当从状态 0 过渡到状态 1 的转移所依赖的监督条件仅设定为 *in* 存在，如下问题便浮现出来：即便在 *out* 端也有信号输入的情况下，该条件仍可能评估为真。换言之，当有车辆驶入且同时有车辆驶出时，系统就无法正确地统计桥梁上车辆的数量。

2.2.3　响应

理论上，自动机并不要求在精确预定的时刻执行响应，这一灵活性特征使自动机能够适应多样环境需求与动态变化。响应触发的契机源于环境本身，当特定事件触发或预设条件达成时，自动机接收外界传递的明确信息或数据作为输入；依据此输入信息，自动机在输出端口上施加相应的值进行调整，并可能依据预设的转换逻辑，转移至一个新的运行状态中。

在自动机执行流程中，每个状态点均可能配备一系列的监督条件，这些条件用于评判应在何时进行状态转移。假定处于某一状态时，指向其他所有可能状态的转移路径上，没有任何一项监督条件验证为真或达到满足状态，那么自动机将会维持当前状态。

此外，还有一种特别的情形，那就是所有输入信号均不存在的情况。这时，尽管外界没有提供任何新的输入，但如果依据当前状态的某个监督条件独自就能评估为真，自动机仍有可能推进到下一个状态，实行状态转移。反之，如果在完全没有输入数据的条件下，当前状态下没有一个监督条件的结果为真，即所有条件均未得到满足，自动机则会陷入一种特殊状态，该状态被称为卡顿(Stutter)。在卡顿状态下，自动机不仅不会进行任何形式的状态变化，而且也不会向外输出任何信号，它只是静默地保持着当前状态，直到接收到新的输入或满足转移条件为止，这种状态反映了自动机在无外部互动下的自我维持模式。

这种设计思路赋予了自动机在缺乏外部信号的情况下保持稳定的能力，同时也体现了它在处理不确定输入或空输入情况下的鲁棒性。自动机的这种灵活性与高适应性特征，使它可以在多种计算和控制系统中广泛应用。为了说明响应的一些特殊情况，下面给出一个示例。

示例 2-3　如图 2-3 所示，当在任意给定响应中两个输入信号均不存在时，自动机会出现“卡顿”现象。设想这样一种情境：自动机正处于状态 0，并且接收到输入 *out* 的信号(即 *out* 为 *present*)，但是在通向唯一可能状态转移的路径上，其监督条件的值为 *false*，这迫使自动机停留在当前状态。然而，由于并非所有的输入信号都缺失(*out* 为 *present*)，因此并不将这种情况称为卡顿式响应。这里，尽管存在有效的输入信号，但由于通往新状态的转移路径所需的条件未被满足，自动机依旧维持在原状态。

有限状态自动机模型的一大优势，在于它能够界定系统的所有可能行为。对于桥梁车辆计数器的非形式化描述，未明确说明当计数值为 0 时有车辆离开桥会发生什么情况。然而，图 2-3 所示的模型则明确规范了此类情境下的系统行为：计数值仍然为 0。因此，有限状态自动机模型支持通过形式化验证来严谨检验特定行为是否契合实际需求。相比之下，非形式化的描述方法则难以支撑形式化的测试流程，至少在完整性与精确性上存在局限，难以达到同等的验证效果。

图 2-3 所示的模型没有直接定义状态为 0 且 *out* 为 *present* 时的响应，但实际上暗含了系统将保持当前状态且无输出的处理方式。尽管这种响应未明确指出，但有时强调这些响应的必要性是有益的，因此可以将其显式标注出来。实现这一目的的一个实用策略是引入默认转移(Default Transition)，用虚线表示，并标注为“*true/*”，如图 2-4 所示。当没有其他非默认转移因其监督条件为 *true* 而激活时，此默认转移将生效。因此，图 2-4 中，如果 $in \wedge \neg out$ 的值为 *false*，则默认转移将被激活。

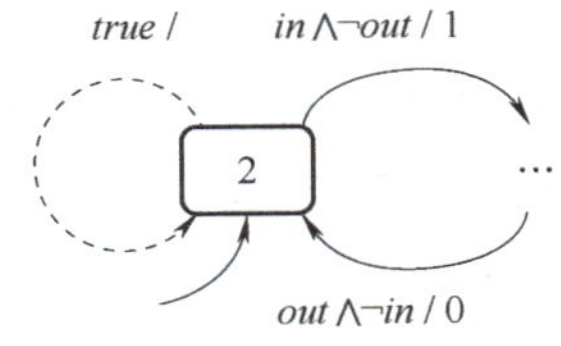

图 2-4　不需要显式标注的默认转移，其返回当前状态且没有输出

默认转移提供了一种快捷的标注方法，但它们并非是实际需要的。一个具有合适监督条件的普通转移可以用来替换任意默认转移。例如，图 2-4 中，就可以采用一个具有监督条件 $\neg(in \wedge \neg out)$ 的普通转移。

在设计和实现自动机的过程中，转移的优先级管理是一个核心的概念，它赋予设计者以直观且灵活的手段来安排状态变迁的序列。在逻辑架构图中，转移按照其优先程度被划分为两类：常规转移与默认转移。常规转移通常享有更高的优先级排序。这意味着当多个转移条件同时满足(即各自的监督条件均为真)时，系统会优先执行那些优先级设定较高的常规转移。默认转移则扮演着一个补充角色，仅在所有高优先级的常规转移都无法执行的情况下，作为一种最后的选择被激活。

设计者通过优先级系统，来确保关键状态变化或操作相较于一般性或次要操作先行实施。这一点在实时控制及安全系统中尤为重要。因为这些场景下，某些紧急操作必须迅速响应以防止系统滑入不稳定或危险状态。为此，通过赋予这类紧急操作以更高的转移优先级，系统得以保证在所有条件就绪时，优先触发并执行这些至关重要的步骤。

另外，一些形式化方法，如 SynCharts，对转移优先级的概念进行了深化拓展，使得设计者能够为每个转移单独指定一个确切的整数优先级。这种方法不仅增强了监督条件管理的透明度，还引入了一套更为精细化的控制工具，使设计者可以更精确地调整和操控不同转移之间的优先次序。在实践中，设计者可以通过分配不同的整数值来创建多级别的优先级体系，数值越小，优先级反而越高。

尽管这种优先级设定法极大提升了设计的灵活性与控制精度，但同时也对自动机的设计提出了更高的要求，需要设计者规划每个转移的优先级，同时充分理解系统行为与未来状态。尤其在面对复杂自动机时，众多优先级的设定无疑增添了系统复杂度，可能导致维护难度上升。因此，设计者在配置优先级时，面临着一个挑战：在确保系统行为的高效简化与维持系统可操控性之间寻找理想的平衡点。这种优先级管理策略是一种强大的工具，可根据特定应用场景与外界条件进行定制化优化。

2.2.4 更新函数

有限状态自动机的图形化表示为自动机动态性提供了一种特定数学模型。面对规模庞大、结构复杂的自动机时，采用与图形化表示等效的数学表述形式，被证实是一种方便的解决途径。在这样的数学表示中，有限状态自动机被定义为

$$(V,\Theta,A,D)$$

式中，V 为一组变量，称为状态变量；$\Theta \subseteq val(V)$，为一组非空的初始状态；A 为一组动作或转换标签；$D \subseteq val(V) \times A \times val(V)$，为转移集。

有限状态自动机是一种在响应序列中进行转移的形式化模型。在每次响应中，自动机都有一个当前状态，并且可以根据响应转移到另一个状态，从而更新为下一个响应的当前状态。更新函数全面编码了自动机内部所有状态转移的逻辑、必要的监督条件以及输出的生成规则，该函数也常被称为转移函数。

另外，下面讨论输入、输出值对应的数学形式。假设一个自动机拥有一组端口 $P=\{p_1, p_2, \cdots, p_n\}$，其中每一个端口 $p \in P$ 拥有一个相应的类型 V_p。那么，输入就是如下形式的函数集合：

$$i: P \to V_{p_1} \cup V_{p_2} \cup \cdots \cup V_{p_n} \cup \{absent\}$$

对于每一个 $p \in P$，$i(p) \in V_p \cup \{absent\}$ 给出端口 p 的值。因此，函数 i 是输入端口的值。

2.2.5 确定性与接受性

确定性与接受性作为两大支柱性概念，构筑了理解自动机运作机制与效能的基础。这两项属性强化了自动机的信赖度与灵活性，对于构建高效且行为可预测的自动化系统是不可或缺的要素。

确定性保证了无论何时，只要给定相同的状态与输入组合，自动机皆会触发单一且明确的转移路径，迅速过渡到一个固定的新状态。实现这一特性，有赖于严谨定义的转移规则。这些规则精确界定了在特定状态接收特定输入后的响应动作。即便是面对运用监督条件管理转移的复杂自动机系统，只要确保各状态关联的监督条件之间无交叉，即可维持系统的确定性不变。

接受性保证了无论接收到何种输入，自动机均有能力触发一个合适的转移操作，从而有效避免系统在任何状态下陷入无法进展或“卡死”的困境。在有限状态自动机的框架内，这一点通常通过一个完全定义的更新函数来实现，该函数针对任意状态与输入的配对都明确指定了下一状态，确保了转移的连贯性。此外，设计中还常融入默认转移机制，以作为在没有匹配的转移条件时的应急策略，这进一步提升了自动机在处理意外情况时的灵活性与适应能力。

将确定性与接受性这两大核心特性融合，可以构建在任何状态与输入条件下，都能实现单一且明确的转移路径的模型。该模型赋予了系统精确控制与行为预测的能力，在精密工业自动化、海量数据处理及交互式系统的设计中展现出了卓越的性能。

2.3 扩展有限状态自动机

如图 2-5 所示，状态数量的增加对有限状态自动机符号表示是有影响的。当 M 值增大时，利用椭圆和弧线的图标表示变得十分困难。因此，为了简化图示，非正式地引入了省略号“…”作为替代。

扩展有限状态自动机作为一种解决方案，通过在有限状态自动机模型中嵌入可读写的变量，解决上述问题。这些变量既能在状态转换过程中被读取，也能被写入。为了便于深入理解扩展有限状态自动机，下面给出一些示例。

示例 2-4 用图 2-5 所示的车辆计数器的扩展有限状态自动机后，图 2-1 所示的车辆计数器就可以表示得更加简洁。该自动机引入了一个变量 c，并在进入初始状态时将它初始化为 0。当输入 *in* 为 *present* 且 *out* 为 *absent*，同时变量 c 小于 M 时，自动机会产生一个输出 *count*，其值为 $c+1$，然后变量 c 的值增加 1。当输入 *out* 为 *present* 且 *in* 为 *absent*，同时变量 c 大于 0 时，将输出一个值为 $c-1$，然后变量 c 的值减去 1。需要注意的是，M 是一个不变参数而非一个变量。

图 2-5 所示为扩展有限状态自动机的常规符号系统，与图 2-3 所示的基本有限状态自动机符号体系之间存在三方面不同。第一，它通过明确定义变量，确保了监督条件中各标识符及动作的性质能够被精准识别——是作为变量、输入还是输出参与其中。第二，所有变量在初始阶段即被初始化，其初始状态直观体现在指向初始状态的转移符号上。第三，扩展有限状态自动机在转移标注上的表达方式也不同，如图 2-6 所示。

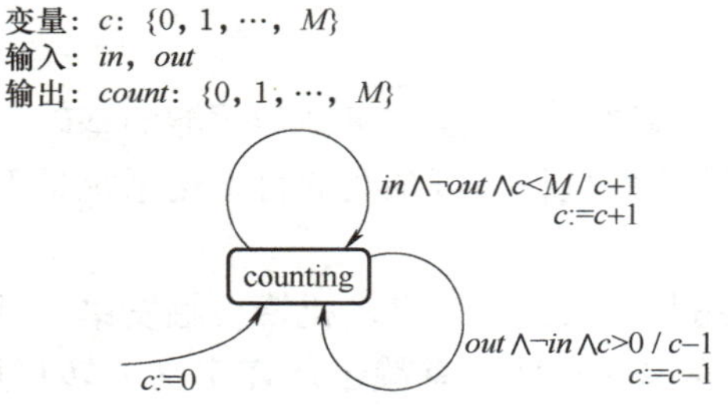

变量：c：$\{0, 1, \cdots, M\}$
输入：in，out
输出：$count$：$\{0, 1, \cdots, M\}$

$in \wedge \neg out \wedge c<M$ / $c+1$
$c:=c+1$
counting
$out \wedge \neg in \wedge c>0$ / $c-1$
$c:=c-1$
$c:=0$

图 2-5　车辆计数器的扩展有限状态自动机

变量声明
输入声明
输出声明
监督条件/输出动作
设置动作
State 1
State 2
初始设置动作
监督条件/输出动作
设置动作

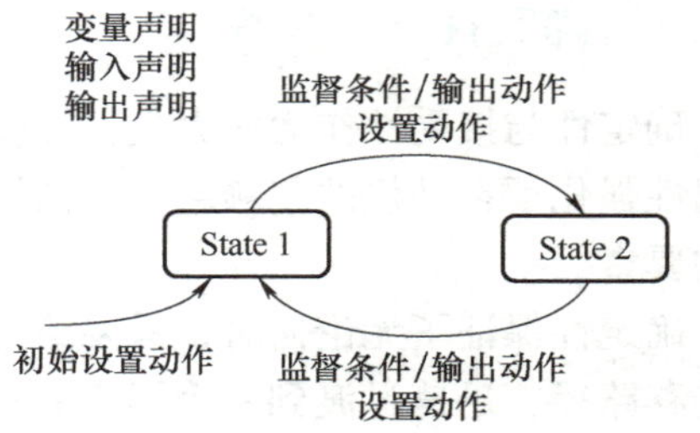

图 2-6　扩展有限状态自动机的表示方法

在扩展有限状态自动机中，监督条件与输出动作在本质上与有限状态自动机的保持一致，仅在涉及变量引用时有所区别，但一旦转移触发，情形即刻变得不同。此时，不仅监督条件已完成评估并产生了相应的输出，而且新增的设置动作开始发挥作用，它们负责对特定变量赋予新的值。这意味着，倘若监督条件或是输出动作中包含了对变量的引用，那么实际采用的变量值将是执行赋值操作前的原有值。若存在一系列的设置动作，则这些赋值指令将遵循既定的顺序依次执行。

示例 2-5　如图 2-7 所示，一个行人通过马路的信号灯，即交通灯控制器，采用扩展有限状态自动机的设计。这一自动机基于时间触发机制，设定为每秒钟响应一次。初始状态下，信号灯处于红灯模式，同时启动一个计时器，通过变量 *count* 记录 60 秒的时间，之后自动切换至绿灯状态。除非接收到行人请求过街的输入。接到该请求后，*pedestrian* 状态转变为 *present*，此请求输入可由行人通过按下“通行”按钮来生成。当检测到 *pedestrian* 转变为 *present* 时，自动机会检查当前绿灯已持续的时间是否达到或超过 60 秒。若满足条件，自动机则转入黄灯状态；反之，则先进入挂起（pending）状态，并继续等待直至 60 秒倒计时结束。这样的设计确保了无论何时绿灯亮起，其持续时间都将不少于 60 秒。当 60 秒周期届满，信号灯随即切换至黄灯状态，维持 5 秒后，最终回到红灯状态，完成一个完整的信号循环。在此过程中，自动机同步输出 *Green*、*Yellow*、*Red* 信号，分别对应控制绿灯、黄灯与红灯的开启。

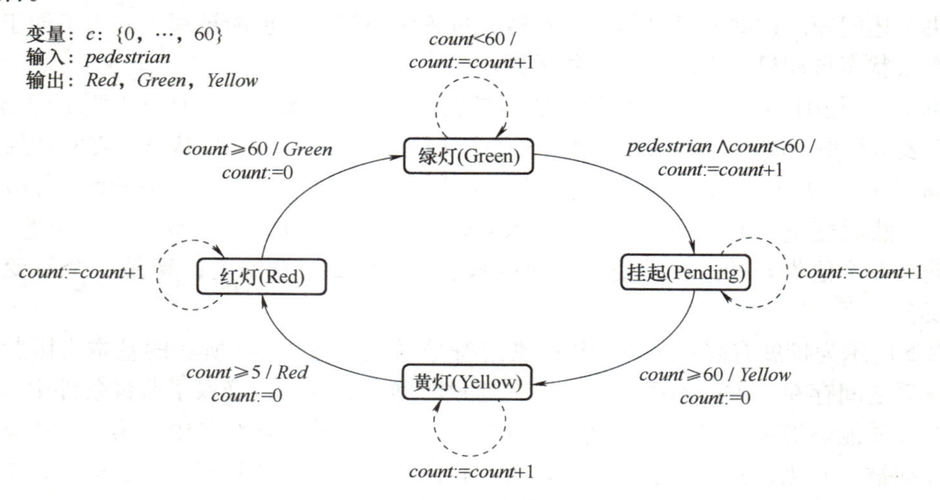

图 2-7　交通灯控制器的扩展有限状态自动机模型

在扩展有限状态自动机的概念框架下，其所处状态的定义远比简单的离散状态标识更为丰富，除了由圆泡图标代表的离散状态外，还融合了多个变量的具体数值信息。这一特性使得扩展有限状态自动机的潜在状态数目呈现出显著的增长，甚至在某些情况下达到无限大的规模。具体而言，假设有 n 种不同的离散状态，同时存在 m 个变量，而每一个变量又能够取 p 种可能的值之一。那么，该自动机状态空间的总体大小可以用下式进行量化表达：

$$|val(V)| = np^m$$

扩展有限状态自动机的存在形态并不局限于有限状态自动机的范畴，同样涵盖无限状态的可能性。当变量的潜在取值集合 p 表现为无限集时，这种情形在实际应用中并不少见。举个例子，倘若某一变量的值域被设定为全体自然数 $\mathbb{N}$，那么，由此衍生出的自动机状态总数将自然而然地呈现出无限扩张的特征，从而丰富了扩展有限状态自动机的行为模式与分析维度。

示例 2-6 修改图 2-5 所示的自动机，使顶部转移的监督条件为 $in \land \neg\ down$，而不再是 $in \land \neg\ down \land c<N$，那么该自动机就不再是一个有限状态自动机。

一些自动机具有一些永远不可达的状态，由此可达状态（Reachable State）集合就可能比状态集合更小。

示例 2-7 如图 2-8 所示的模型描述开关控制电灯开关过程。该模型只有一个布尔输入变量 *press*。在每次循环执行过程中，输入变量的值为 1 表示开关按下。最初，灯是熄灭的，当按下开关时，灯被点亮。若再次按下开关，灯将熄灭。或者执行 10 次循环后，开关都没有被按下，灯也将熄灭。

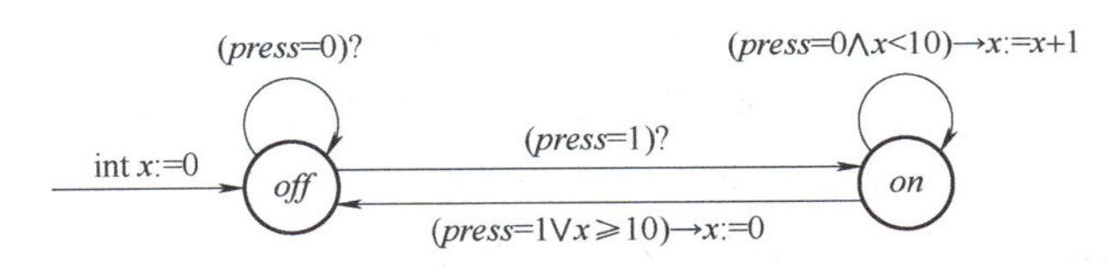

图 2-8 电灯开关的扩展自动机模型

在该例子中，有 4 个模式切换。当条件 $press=1$ 满足时，构件由 *off* 模式切换至 *on* 模式，该切换不会改变变量 x 的值；当条件 $press=0$ 满足时，构件由 *off* 模式切换到 *off* 模式，也不会改变变量 x 的值；当合取条件 $press=0 \land x<10$ 满足时，构件由 *on* 模式切换到 *on* 模式，变量 x 的值增加 1；当析取条件 $press=1 \lor x \geqslant 10$ 满足时，构件由 *on* 模式切换到 *off* 模式，变量 x 的值重新设置为 0。

当模式为 *off* 时，如果输入为 0，则满足从 *off* 模式切换到 *off* 模式的条件，执行该模式切换。由于没有明确的变量更新指令，状态变量 x 的值保持不变，所以新模式与旧模式 *off* 相同。如果输入是 1，则满足从 *off* 模式切换到 *on* 模式的条件，执行该模式切换。因此，更新的模式值是 *on*，x 的值不变。

当模式为 *on* 时，如果输入是 0 且 x 的值仍然小于超时阈值 10，那么执行从 *on* 到 *on* 的切换模式，虽然 x 增加 1 但模式没有改变。因此，该构件最多连续 10 轮执行中保持模式 *on* 不变。当输入变量 *press* 的值为 1 或 x 的值达到 10 时，满足从 *on* 模式切换到 *off* 模式的条件。执行该切换，更新模式为 *off*，并把变量 x 设为 0。

2.4 非确定性自动机

与前述确定性构件相比，非确定性构件针对同一输入序列却可以产生不同的输出序列。这样的构件对未设计完全的系统部件进行建模和捕捉环境约束是非常有用的。考虑图 2-9 所示的非确定性构件，这是一个专注于处理传入请求间竞争问题的组件。它接收两个输入变量 req_1 和 req_2，同时产生两个输出变量 $grant_1$ 和 $grant_2$。所有这些变量均属于事件类型。

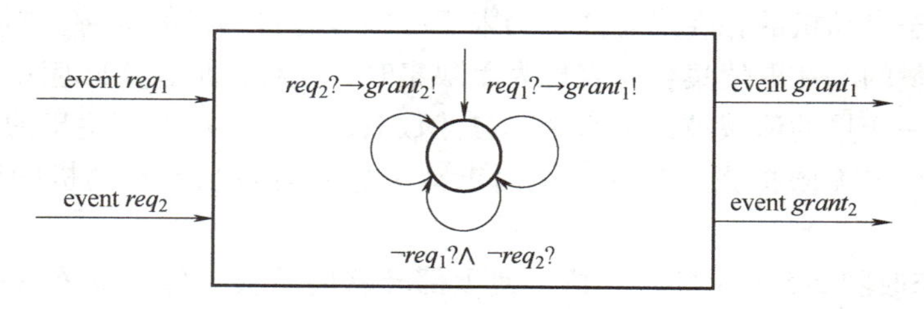

图 2-9 非确定性构件例子

为了描述这个构件的动态行为，采用扩展有限状态自动机的表示方法。在这一模型中，自动机维持着一种单一的操作模式，这意味着无须额外的状态维护来跟踪当前模式。每次循环迭代时，自动机会检查所有可能的模式切换，寻找那些满足预设条件的选项。一旦识别出符合条件的模式，相应的更新代码将被执行，进而影响构件的状态和输出。

在探讨构件针对不同请求场景的响应机制时，可以按照请求的存在与否来清晰地组织信息。首先，当仅有请求 req_1 到达时，满足特定的守卫条件“$req_1? \rightarrow grant_1!$”，构件输出事件 $grant_1$。此时，事件 $grant_2$ 默认为空，表明没有对应的活动触发。接着，若仅有请求 req_2 出现，构件将相应地生成事件 $grant_2$，同样，此时 $grant_1$ 处于空状态，反映无相关事件被激发。当两个请求 req_1 和 req_2 均未发生时，守卫条件“$\neg req_1? \wedge \neg req_2?$”满足。在这种情形下，由于没有明确的更新指令，构件默认不会产生任何输出。

然而，当 req_1 和 req_2 同时出现时，两种模式切换的守卫条件 $req_1?$ 和 $req_2?$ 都满足。这时将面临一个选择：要么输出 $grant_1$ 而 $grant_2$ 保持为空；要么反之，输出 $grant_2$ 而 $grant_1$ 为空。构件的设计应允许这种不确定性的存在，确保在 $grant$ 请求发出时，授权输出仅限于 $grant_1$ 或 $grant_2$ 中的一个，且在单次循环中不会同时发生两者。下面使用一些示例进一步说明非确定性的定义。

示例 2-8 考虑一个复合、事件驱动的构件 Lossycopy，如图 2-10 所示。这个构件配备了一个输入变量 in 和一个输出变量 out。其行为遵循一个简洁的规则集，在每一次循环中的预期行为是，将输入复制到输出，或者不存在输出。可视为具有两个模式切换的单模式扩展有限状态自动机。

第一个模式对应于一个非默认的守卫条件 $in?$。当满足这一条件时，构件会执行更新代码 $out!in$。其功能是将输入变量的值复制到输出变量，从而在输出端显现输入的信息。第二个模式则具备一个默认的守卫条件，该条件始终为真。在这个模式下，构件执行的默认更新代码并不直接修改输出变量。这意味着，即使输入存在，输出也可能缺失，以此模拟数据丢失的情况。当输入事件发生时，两种模式的守卫条件皆被触发。

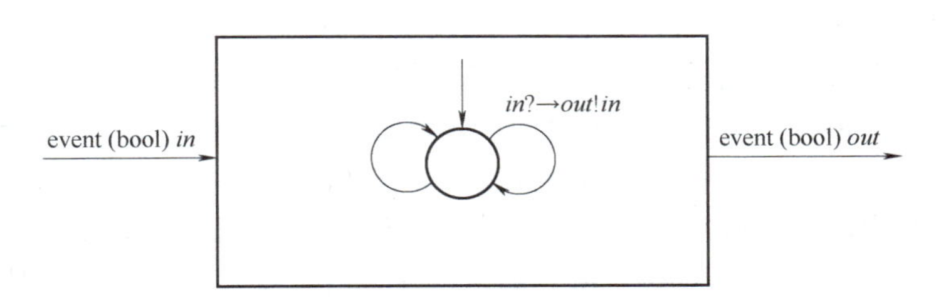

图 2-10　非确定性构件 Lossycopy

在其中一种可能的执行路径中，输入的值被成功地映射至输出，实现了信息的传递。而在另一路径中，尽管输入存在，但构件选择不进行任何操作，导致输出变量保持不变或为空，体现了信息的潜在损失。当输入变量本身不存在时，系统将仅激活默认模式，即总是进行有效的模式切换。此时，由于没有输入值可供处理，输出变量自然也处于缺失状态。这个构件通过其灵活的行为模式，能够有效地模型化网络通信中信息可能的完整传输或意外损失，为分析复杂系统提供了有力的抽象工具。

示例 2-9　在图 2-7 所示的场景中，交通灯控制器受单一输入信号 *pedestrian* 的触发。此信号在行人欲过马路时激活，标记为 *present*。有趣的是，交通灯默认保持绿灯状态，直到检测到行人的到来，才触发状态转换。这一机制的设计背后，涉及一系列辅助子系统的协同作用，它们共同负责生成行人到达事件。

例如，其中一个子系统可能响应于行人按下请求过路的按钮，这一互动构成了图 2-7 所示的有限状态自动机环境的一部分。由此引申出对环境建模的探讨，特别是如何准确捕捉并表征那些影响交通灯控制器决策的因素。以交通灯为例，可着手构建一个城市行人流动的仿真模型，以此作为理解行人活动规律、预测行人请求频率以及优化交通信号控制策略的基础。

示例 2-10　如图 2-11 所示，有限状态自动机用来模拟行人抵达人行横道的行为，而该人行横道配备交通灯控制系统。值得注意的是，此自动机配置了三项输入，且假设这些输入均源自图 2-11 所示系统的输出反馈。与此同时，它通过单一输出 *pedestrian* 与图 2-11 所示的形成闭环互动，作为输入信号参与其中。

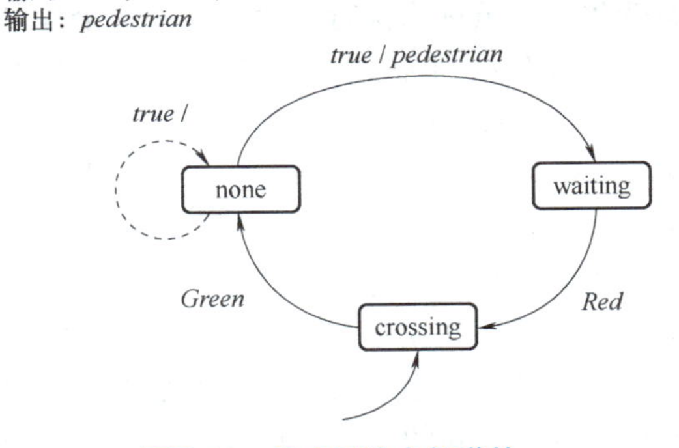

图 2-11　行人到达人行道的非确定性自动机模型

自动机的运行始于 crossing 状态，一旦 *Green* 信号被接收，便会触发状态跃迁至 none。在 none 状态之下，引出的两个转移都有值为 *true* 的监督条件，意味着它们时刻处于激活状态，随时准备响应。由于两者均处于活跃状态，自动机的下一步行动便陷入了不确定性：它既有可能维持在当前状态不发生任何输出变化，也可能转移至 waiting 状态，并随之生成 *pedestrian* 这一纯输出信号，展现了自动机在决策路径上的多重可能性。

当自动机在任一给定状态下面临两个或更多的转移选择，且这些转移在同一次事件触发下，其监护条件同时满足为真时，自动机将置于一种非确定性的境地。就图 2-11 所示的模型而言，正是状态 none 下的多重转移选项，引发了自动机行为的不确定性。

此外，自动机也可设计成具备多个起始状态的形式，此类自动机同样被视为非确定性的。无论是多重转移路径还是多起点的设计，非确定性有限状态自动机所呈现的不再是单一的反应路径，而是生成了一系列潜在的响应集合。在实际运作中，集合内的每种响应均视为可行的。然而，非确定性模型并未涉及这些响应发生的概率问题。例如，在图 2-11 所示的状态 none 中，持续执行自循环转移，从非确定性模型的角度看，是完全合理的。

一个非确定性有限状态自动机类似确定性有限状态自动机的元组，它们的状态变量集与动作的定义完全相同，但其他元素有所区别，具体说明如下：

非确定性有限状态机中函数 D 的定义形式为 $D: val(V) \times V_{inputs} \to 2^{val(V) \times V_{outputs}}$。这说明，对于给定的当前状态以及输入值，可能会存在多个下一状态以及输出值，其到达域是 V 的幂集。将 D 函数看作一个更新关系。为了包含非确定性有限状态自动机可以有多个初始状态这一实际情况，Θ 被定义为一个集合而不是 $val(V)$ 中的单独元素。

2.5 语义：执行、可达状态和不变量

假如有一台机器，它可以像人一样处于不同的状态，如站着、坐着或者走路。这台机器在工作时，会根据一定的规则从一个状态转换到另一个状态，就像人由站着变成走路一样。这种工作过程被称为执行片段，它可能是一连串的动作，也可能是无限循环的。具体来说，执行片段是由状态和动作交替组成的，如状态 v_0、动作 a_1、状态 v_1、动作 a_2，以此类推。这里有如下几点需要注意：

1）每个状态 v 都是机器可能处于的一种情况，用 $val(V)$ 来表示所有可能的状态。

2）动作 a 是机器可以采取的某一个动作，用 A 来表示所有可能的动作。

3）动作之间的转换必须符合一定的规则，这些规则用 $\mathcal{D}$ 来表示。也就是说，从状态 v_{pre} 到状态 v_{next} 的转换，必须通过一个有效的动作 a 来实现。

4）如果执行片段最开始的状态 v_0 是机器启动时的状态，这个执行片段被称为执行。

机器按照一定的规则，从一个状态通过动作转换到另一个状态，这样的一系列动作和状态变化，就被称为执行片段。如果这个片段从机器启动的状态开始，就被称为执行。

把所有从机器初始状态集合 Θ 开始的执行片段集合称为自动机 $\mathcal{A}$ 的表现，用 $\mathrm{Execs}_{\mathcal{A}}(\Theta)$ 来表示。如果只关注那些在 k 步之内结束的执行片段，那么这些片段的集合就被称为 $\mathrm{Execs}_{\mathcal{A}}(\Theta, k)$。当一个状态 v 是从 Θ 可达的，意味着存在一个有限的执行片段以状态 v 结束。所有这样的状态 v，被称为可达状态。所有可达状态的集合，被称为自动机 $\mathcal{A}$ 的可达集，用 $\mathrm{Reach}_{\mathcal{A}}(\Theta)$ 表示。如果初始状态集合 Θ 在上下文中已经很清楚，就直接简称为 $\mathrm{Reach}_{\mathcal{A}}$。而那些在最多 k 步内能够到达的状态集合，用 $\mathrm{Reach}_{\mathcal{A}}(\Theta, k)$ 来表示。

不变量是在程序执行过程中始终为真的逻辑断言。在自动机的上下文中，不变量描述了自动机状态空间的一个子集，这个子集中的所有状态都满足某个特定的条件。对于自动机 $\mathcal{A}$ 来说，不变量是一个特殊的集合 S，它包含了所有可达状态。也就是说，从初始状态集合 Θ 开始，自动机 $\mathcal{A}$ 的所有可能状态都在 S 里面。这意味着，一旦机器开始工作，它就永远不会离开这个集合 S。最后，不变量通常用自动机状态变量上的一个条件来表示，它反映了系统的一种始终成立的特性或属性。

2.6 应用案例

HVAC 系统示例： HVAC 系统是指采暖(Heating)、通风(Ventilation)与空气调节(Air Conditioning)的综合系统，是全球能源消耗的主要领域之一。为了提升能源利用效率并促进节能减排，建立精确的温度动态特性模型及优化温度控制策略显得尤为重要。这一进程可以从设计和分析相对简易但却是功能核心的设备恒温器(Thermostat)着手。建模可以使它调节温度并将温度保持在一个设定点或者目标温度。

考虑一个具有状态集 $val(V)=\{\text{heating},\text{cooling}\}$ 的有限状态自动机所建模的恒温器系统，图 2-12 给出了一个具有迟滞特性的恒温器模型。该系统利用有限状态自动机原理并设定 22℃ 为理想温度目标。此系统采纳了一种控制机制，即迟滞策略，旨在通过限制加热器不必要的开关操作，特别是当室温逼近目标值时，以此减少“抖动”现象，确保环境舒适性与能效。具体实施上，加热器会在室温低于 20℃ 的界线时启动，容许温度升高直至超过 24℃ 上限；而当温度自然回落，且不再需要额外加热，即高于 20℃ 时，则会停止加热操作。

该恒温器模型，集成了一个核心输入变量，名为 *temperature*。其数据类型标识为 $\mathbb{R}$，表明该变量能够接收连续范围内的温度读数。此外，模型还定义了两个关键的纯输出变量 *heatON* 和 *heatOFF*，它们担当着传达加热器状态变动指令的重任。这两个输出变量的功能在于精确指示系统对于加热器操作的需求变化：一旦检测到加热器应当从开启转为关闭状态，或者是从关闭转变为开启状态，*heatON* 和 *heatOFF* 就会分别发出相应的信号，以此来指导实际的加热控制行为。

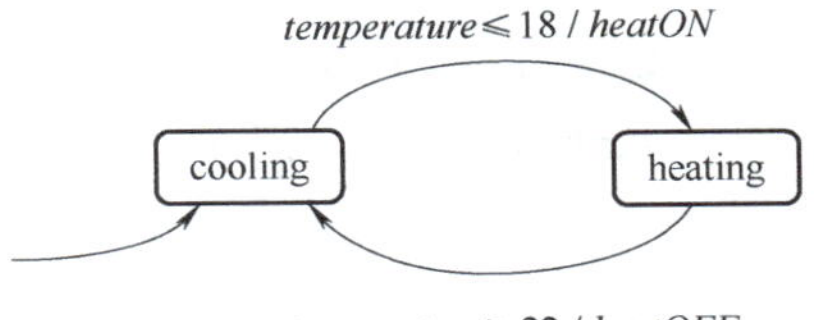

图 2-12 一个具有迟滞特性的恒温器有限状态自动机模型

图 2-12 所示的有限状态自动机模型，与桥梁计数系统中的计数器相似，可以是事件触发的。在这种情形下，任何输入变量的变化都将立即诱发系统的响应动作。它也可以是时间触发(Time Triggered)的，意味着系统按固定规律的时间间隔自主进行状态检查与调整，而不是依赖外部温度的及时变化。在这两种情形下，该有限状态自动机的核心定义与状态转移逻辑保持不变。

迪杰斯特拉(Dijkstra)的令牌环算法示例： 研究一个由 n 个进程组成的环形网络分布式算法模型。如图 2-13 所示，有 n 个进程按单向环形排列，每个进程 $i\in\{0,1,\cdots,n-1\}$ 有一个变量 $x[i]$，其值取自集合 $K=\{0,1,\cdots,n\}$。只有当进程 i 拥有一个标记时，才有下式成立：

$$(i=0\wedge x[i]=x[(i-1)\%n])\vee(i\neq0\wedge x[i]\neq x[(i-1)])$$

每当进程 i 拥有一个令牌时，它可以更新其状态 $x[i]$。进程 0 通过将 $x[0]$ 增加 1 并对 n 取模来更新；每个其他进程($i\neq0$)通过复制其前驱者的值 $x[i-1]$ 来更新。如果只有一个进程拥有令牌，系统的状态是合法的，否则为非法。

正如自动机的语言描述，自动机模板 DijkstraTR 模拟了迪杰斯特拉算法。该模板包含一个形式参数 n，其作用类似 C 语言或 Java 语言中函数的形式参数。需要注意的是，形式参数 n 并不属于自动机的状态变量。当为参数 n 指定一个具体的数值(如 $n=7$)，就得到了一个具

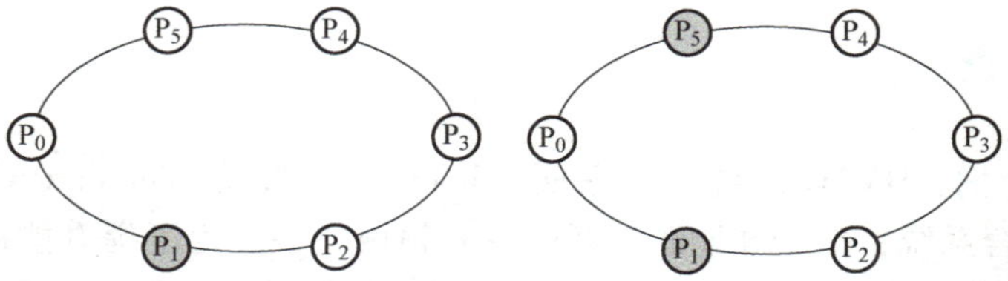

图 2-13 合法(左)和非法(右)的令牌环配置(灰色进程拥有令牌)

体的模板实例 DijkstraTR，该例对应具有七个进程的情况。此外，也希望证明关于 DijkstraTR 所有可能示例的属性，而不必事先确定 n 的具体值。

DijkstraTR 自动机程序如下：

```
automaton DijkstraTR(n:Nat)
  type ID:enumeration[0,⋯,n-1]
  type K:enumeration[0,⋯,n]
  actions
    update(i:ID)
  variables
    x:[ID →K]
  transitions
    update(i:ID)
      pre i=0 ∧ x[i]=x[n-1]
      eff x[i]:=(x[i]+1)% n
    update(i:ID)
      pre i>0 ∧ x[i]≠x[i-1]
      eff x[i]:=(x[i-1])
```


本章小结

本章介绍了自动机作为计算模型的基本概念和应用。自动机通过状态变量和赋值来描述计算过程中的状态转换规律，具备强大的适应性和可靠性。本章探讨了自动机的工作原理，包括状态转移和响应触发机制，确保系统行为有序可控；还讨论了自动机的核心性质，如确定性和接受性，强调了这些性质在保障系统高效、可靠运行中的重要性；最后通过具体案例，如 HVAC 系统的恒温器模型和迪杰斯特拉的令牌环算法，展示了自动机在优化能源利用和分布式计算中的实际应用。

练习题

2-1 约翰·康威生命游戏(Conway's Game of Life)是一种模拟生命演化的零玩家游戏，在一个无限的二维(2D)格子阵列中进行。在这个游戏中，每个单元格可以处于两种状态之一：活跃(Live)或不活跃(Dead)。可以将这些状态表示为一个二值的无限矩阵，其中每个元素对应 $\mathbb{N}\times\mathbb{N}$ 中的一个布尔值。每个单元格的状态更新规则如下所示：

1）如果一个活跃单元格(值为1)的活跃邻居少于两个，那么该单元格在下一个状态中变为不活跃。

2）如果一个活跃单元格的活跃邻居正好有两个或三个，那么该单元格保持活跃。

3）如果一个活跃单元格的活跃邻居超过三个，那么该单元格在下一个状态中变为不活跃(值设为0)。

4）如果一个不活跃单元格的活跃邻居正好有三个，那么该单元格在下一个状态中变为活跃。

请编写一个约翰·康威生命游戏的自动机模型。

2-2 创建一个在单向环上运行的领导者选举算法模型。其规则如下：每个进程将其标识符传递给环中的下一个进程。当一个进程接收到一个传入的标识符时，它会将该标识符与自己的进行比较。如果传入的标识符比自己的大，它将继续传递这个标识符；如果比自己的小，则忽略这个传入的标识符；如果两者相等，则该进程自称为领导者。为了启动建模，定义了两个变量：*send*，表示要发送的标识符或 *null*；*status*，其值来自于集合{*unknown*，*leader*}，表示是否已经选举出领导者。编写一个系统执行过程，以确保至少有一个进程的状态最终被设置为领导者。同时，提出两个可能的不变量来保证算法的正确性。

2-3 请为单一车道上行驶的一维(1D)车辆建立一个模型，该模型将涵盖车辆的位置、速度和加速度。该车辆可以处于以下三种状态之一：以零加速度巡航，以最大加速度 a_{max} 加速，或者以最大减速度 $-a_{max}$ 减速。注意，状态之间的转换是非确定性的。

2-4 考虑一个自动机以及状态集合 F，其中 F 是自动机状态集合的一个子集，即 $F\subseteq val(V)$。F 满足以下两个条件：①F 中的任何状态都不会触发任何外出的转移；②自动机的任何执行最终都会到达 F 中的某个状态。基于这两个条件，证明自动机的所有执行路径都是有限长的。

2-5 制定一个基于迪杰斯特拉令牌环算法的同步协议，该协议要求在每一轮中，所有持有令牌的进程必须同时更新它们的状态。探讨这个模型是否具有确定性。

2-6 考虑一个自动机和一个状态集合 F，其中 F 是自动机状态集合的一个子集，即 $F\subseteq val(V)$。完成下面的设计任务：

1）设计一个新的自动机 $\mathcal{A}'$，其功能是反转原自动机 $\mathcal{A}$ 的行为。也就是说，对于自动机 $\mathcal{A}$ 的每一个执行序列 $\alpha=v_0，a_1，\cdots，v_k\in \mathrm{Execs}_{\mathcal{A}}$，$v_k，a_k，\cdots，a_1，v_0\in\mathcal{A}'$。

2）假设自动机 $\mathcal{A}$ 是确定性的，$\mathcal{A}'$ 也一定是确定性的吗？

参考文献

[1] HOPCROFT J，MOTWANI R，ULLMAN J D. 自动机理论、语言和计算导论[M]. 孙家骕，等译. 3版. 北京：机械工业出版社，2008.

[2] 王进君，丁镇生. 电子电路设计与调试[M]. 北京：电子工业出版社，2018.

[3] BUCHI J R. Finite automata，their algebras and grammars：towards a theory of formal expressions[M]. Berlin：Springer，2013.

[4] SALOMAA A. Theory of automata[M]. Amsterdam: Elsevier, 2014.
[5] KHOUSSAINOV B. Automata theory and its applications[M]. Boston: Birkhäuser Boston, 2001.
[6] HOPCROFT J, MOTWANI R. Introduction to automata theory, languages, and computation[M]. London: Pearson, 2014.
[7] MARTIN-VIDE C, OTTO F. Language and automata theory and applications: second international conference[M]. Berlin: Springer, 2008.
[8] GECSE F. Products of automata[M]. Berlin: Springer, 2012.
[9] MARWEDEL P. Embedded system design: embedded systems foundations of cyber-physical systems, and the internet of things[M]. Berlin: Springer, 2010.
[10] LEE E A, SESHIA S A. Introduction to embedded systems, a cyber-physical systems approach[M]. Cambridge: MIT Press, 2017.
[11] SELIC B, GERARD S. Modeling and analysis of real-time and embedded systems with UML and MARTE: developing cyber-physical systems[M]. Amsterdam: Elsevier Science, 2013.
[12] ALUR R. Principles of cyber-physical systems[M]. Cambridge: MIT Press, 2015.
[13] CAMARINHA-MATOS L M, FALCAO A J. Technological innovation for cyber-physical systems[M]. Berlin: Springer International Publishing, 2016.
[14] SONG H, RAWAT D B, JESCHKE S. Cyber-physical systems: foundations, principles and applications[M]. Orlando: Academic Press, 2016.
[15] BECUE A, CUPPENS-BOULAHIA N. Security of industrial control systems and cyber physical systems[M]. Berlin: Springer International Publishing, 2015.

第 3 章 物理建模

导读

本章介绍常微分方程(ODE)，它是描述物理过程的一种语言。常微分方程定义了支配物理过程状态变化的瞬时规则。首先，从计算科学的角度，讨论一类特定常微分方程的语法和语义，以及各种解的概念。接下来，引入并讨论车辆速度控制、单摆和直升机等模型，这些模型在本书的后续章节中会再次出现。最后，探讨几类特殊的常微分方程，并以稳定性分析的基本方法作为本章的结尾。

本章知识点

- 常微分方程的建模流程
- 常微分方程的基本概念
- 一些特殊类型的常微分方程
- 闭环与控制的基础概念

3.1 常微分方程简介

3.1.1 引例：车辆速度控制模型

考虑对单车道上行驶的车辆进行建模，车辆从 x 轴上的某一初始位置 P_0 出发，假设要求该车辆尽快到达，并在另一位置点 P_1 停下，$P_1>P_0$。车辆的位移、速度和加速度分别定义为 x、v 和 a。车辆的最大速度设定为 v_{max}，最大加速和最大制动减速度分别为 a_{max} 和 a_{min}，且加速度可以瞬时变化。

图 3-1 所示的轨迹图代表着车辆从 P_0 到 P_1 点的行驶过程：车辆从 P_0 出发，首先以最大加速度 a_{max} 加速以达到最大速度 v_{max}，然后按照 v_{max} 匀速行驶，最后在某个位置处驾驶人施加最大制动 a_{min}，使得车辆正好在 P_1 处停下。具体来说，为了到达并停留在目标位置 $x=30\text{cm}$，汽车首先以最大加速度 $a_{max}=1\text{m/s}^2$ 加速至最大，然后以恒速 $a=0\text{m/s}^2$ 行驶一段时间，最后施加最大制动 $a_{min}=-2\text{m/s}^2$ 使汽车停止。在模型中，位置 x、速度 v、加速度 a 和时间 t 之间的关系将通过微分方程来描述，接下来讨论具体内容。

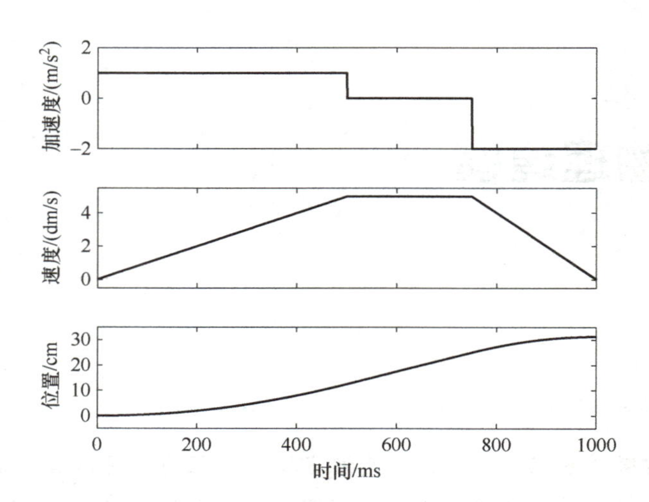

图 3-1　车辆从 P_0 到 P_1 的加速度、速度、位置变量轨迹图

3.1.2　具体的微分方程建模说明

单车道上行驶的车辆可以通过以下微分方程建模：

$$\dot{x}=v \tag{3-1}$$

$$\dot{v}=a \tag{3-2}$$

式(3-1)和式(3-2)蕴含了丰富的物理过程信息。x、v 和 a 是与位置、速度和加速度分别对应的实值变量。事实上，在该系统中还包括一个隐含的第 4 个变量，即时间，这里用 t 表示。时间也是实值变量，符号 $\dot{x}=\frac{\mathrm{d}x}{\mathrm{d}t}$表示位置 x 的时间导数。

式(3-1)将车辆位置的变化与速度联系起来。式(3-2)建立了速度变化与加速度的联系。这里加速度并未被指定，将加速度 a 看作是模型输入。

下面将扩展本书第 2 章中的自动机语言，用于描述上述微分方程。下面的 LineCar 程序给出了单车道车辆的自动机模型，包含如下两个部分：

1）变量部分(variables)列出了系统状态变量。

2）轨迹部分(trajectories)列出了微分方程，将每一个变量的时间导数等值于相关变量的函数。

变量部分声明并进行变量的初始化。每个变量声明由变量名称、类型和(可选的)初始值组成。这个例子定义的变量类型有些冗余，因为假设所涉及的微分方程都是实值变量，这些变量的具体取值定义了车辆在某一时刻的状态。

轨迹部分指定变量如何随时间变化。LineCar 程序中的 evolve 子句给出了 x 和 v 对应的微分方程。而某些变量，如 LineCar 程序中的加速度 a，可能没有相应的微分方程。通过将 a 的取值固定为图 3-1 所示的曲线，可以看到 x 和 v 分别按照图 3-1 所示的方式演变。一般而言，对于变量 y，方程 $\dot{y}=f(y)$ 可以写为，$\mathrm{d}(y):=f(y)$。这里编写 f 的语法类似标准的编程语言。

一般来说，通过这样说明每个未指定变量(如 a)的所有可能行为，用以定义其他变量的行为是否有意义，尚不明确。3.2.3节将讨论在什么条件下，微分方程有意义。

LineCar单车道车辆模型自动机程序如下：

```
automaton LineCar
 variables
  x:Real:=0;v:Real:=0;a:Real
 trajectories
  evolve
   d(x):=v,d(v)=a
```

3.2 常微分方程定义

常微分方程可以用来描述物理过程。本节将介绍常微分方程的基本概念。

3.2.1 状态变量和赋值

常微分方程描述了系统状态随时间的变化过程，状态通过一组状态变量上的赋值进行定义。

如本书第2章所讨论的，状态变量就是表示被建模量的一个名称，并且与一个类型(type)相关联，即可以取值的集合。本章提到的状态变量通常用于建模某些实际物理量，且它们的类型为实数(Real)。对于LineCar模型，状态变量为 $V_{\text{LineCar}}=\{x,v,a\}$，且 $\text{type}(x)=\text{type}(v)=\text{type}(a)=\mathbb{R}$。

赋值是从变量名到其类型的一个映射。例如，对于状态 V_{LineCar}，赋值 $\boldsymbol{v}$ 是利用下式得出的一个映射：

$$\boldsymbol{v}=\langle x\mapsto 10, v\mapsto 22.5, a\mapsto 6.5\rangle \tag{3-3}$$

所有可以赋值的集合都用 $\text{val}(V)$ 表示，对应的是模型的状态空间。事实上，对于LineCar模型，其状态空间 $\text{val}(V_{\text{LineCar}})$ 与集合 $\mathbb{R}^3$ 同构。

给定LineCar模型的一个 $\boldsymbol{v}$，在该状态下车辆的加速度为 $\boldsymbol{v}\lceil a$。类似，通过 $\boldsymbol{v}\lceil x$ 和 $\boldsymbol{v}\lceil v$ 来表示该状态下的位置和速度分量。其中，操作符 $\lceil$ 将 $\boldsymbol{v}$ 限制在其定义域的一个子集上。

一个状态变量 $\boldsymbol{x}$，如果其类型为 $\text{type}(\boldsymbol{x})=\mathbb{R}^n$，则它就是取值 $\mathbb{R}^n$ 上的向量，即 $\text{val}(\boldsymbol{x})$ 与向量空间 $\mathbb{R}^n$ 同构。因此，赋值 $\boldsymbol{x}$ 就将状态变量 $\boldsymbol{x}$ 映射到 $\mathbb{R}^n$ 中的一个向量，因此，可以将 $\boldsymbol{x}$ 定义为向量表示的方法。

例如，$|\boldsymbol{x}|$ 和 $\boldsymbol{x}$ 分别表示 $\boldsymbol{x}$ 的1-范数和2-范数。对于任意的 $\delta>0$，$\boldsymbol{B}\delta(\boldsymbol{x})=\{\boldsymbol{x}'\in \text{val}(\boldsymbol{x})\,|\boldsymbol{x}-\boldsymbol{x}'\leqslant\delta\}$，是围绕在 $\boldsymbol{x}$ 的闭包 δ-球域。

3.2.2 连续时间和轨迹

轨迹用来描述变量赋值随时间的改变，本章采用实数集 $\mathbb{R}$ 作为时间轴，这时的微分方程也称为连续时间模型。在连续时间轴上描述系统的变化，是建模物理过程时所采用的一种常用做法。当然，也可以通过离散化或者采样时刻来描述系统的变化，将时间建模为整数值。

对于 $T\in\mathbb{R}_{\geqslant 0}$ 和一组状态变量 V，状态 V 的时长为 T 的轨迹 τ，是将时间区间 $[0,T]$ 中的每一点映射到 $\mathrm{val}(V)$。

例如，对于图 3-1 所示的轨迹用 τ 描述这样一个物理过程：加速度 a 在 0.5s 内保持其取最大值 $a_{\max}$，然后在接下来的 0.25s 内为 0，在最后的 0.25s 内变为最小值 $a_{\min}$。速度 v 轨迹可以通过对加速度 a 的轨迹随时间积分得到，位置 x 的轨迹则可以进一步通过对速度进行积分得到。

分别用 $\tau\downarrow a$、$\tau\downarrow v$ 和 $\tau\downarrow x$ 表示这些轨迹的某个分量。具体来说，$\tau\downarrow a$ 建立了一个 $[0,T]\to\mathrm{type}(a)$ 的映射，定义为 $(\tau\downarrow a)(t)=\tau(t)\lceil a$，其中 $t\in[0,T]$。对应的程序中用 $\tau.\mathrm{dom}$ 表示任意轨迹 τ 的定义域。

上述轨迹都是有限时长的，并且在右端点处闭合。而一个开轨迹 $\tau:[0,T)\to\mathrm{val}(V)$ 则将一个时间开区间映射到赋值中。无限轨迹是一个开轨迹，它将区间 $[0,+\infty)$ 映射到 $\mathrm{val}(V)$。如果 $T=0$，则 τ 是一个点轨迹，将点 $[0,0]$ 映射到 $\mathrm{val}(V)$。一个映射到赋值 $\boldsymbol{v}$ 的点轨迹表示为 $\rho(\boldsymbol{v})$。

轨迹可以显式地定义为时间上的函数。例如，变量 V_{LineCar} 的轨迹 τ 可以通过如下显式函数定义：对于每个 $t\in\tau.\mathrm{dom}$，以及任意的初始位置 P_0、速度 v_0 和加速度 a_0，有

$$(\tau\downarrow a)(t)=a_0 \tag{3-4}$$

$$(\tau\downarrow v)(t)=v_0+a_0t \tag{3-5}$$

$$(\tau\downarrow x)(t)=P_0+v_0t+\frac{1}{2}a_0t^2 \tag{3-6}$$

通常，给出轨迹的显式函数会非常烦琐(甚至不可能)，因此不得不采用微分方程的解来描述系统轨迹。

3.2.3 轨迹：方程的解

考虑如下常微分方程：

$$\dot{\boldsymbol{x}}=f(\boldsymbol{x}(t),\boldsymbol{u}(t),t) \tag{3-7}$$

式中，$t\in\mathbb{R}$，为独立的时间变量；$\boldsymbol{x}$ 为状态变量，$\mathrm{type}(\boldsymbol{x})=\mathbb{R}^n$；$\boldsymbol{u}$ 为输入，$\mathrm{type}(\boldsymbol{u})=\mathbb{R}^m$，其中 n，$m\in\mathbb{N}$。$\dot{\boldsymbol{x}}$ 表示 $\boldsymbol{x}$ 关于时间 t 的分量形式的导数。时变函数 $f:\mathrm{val}(\boldsymbol{x})\times\mathrm{val}(\boldsymbol{u})\times\mathbb{R}\to\mathrm{val}(\boldsymbol{x})$ 作为状态和输入的函数，指定了状态分量的各个时间导数。

如果将式(3-7)看作对变量赋值的约束，则会引起混淆，即已经定义了 $\boldsymbol{x}$ 是变量，那么 $\boldsymbol{x}(t)$ 又是什么？$\dot{\boldsymbol{x}}(t)$ 的确切含义又是什么？实际上，如果将式(3-7)看作对所涉及变量(即 $\boldsymbol{x}$ 和 $\boldsymbol{u}$)轨迹的约束，那么满足这些约束的轨迹，称为常微分方程的解(假设轨迹存在)。

微分方程的解有不同的定义方式，以及相应的存在性和唯一性的结果。首先从一个简单且自然的解的定义开始论述。

定义 3-1 对于输入变量 $\boldsymbol{u}$ 的任意轨迹 $\eta:[0,T]\to\mathrm{val}(\boldsymbol{u})$，以及初始值 $x_0\in\mathrm{val}(\boldsymbol{x})$，轨迹 $\xi:[0,T]\to\mathrm{val}(\boldsymbol{x})$ 是式(3-7)的解，有

$$\xi(0)=x_0 \tag{3-8}$$

$$\frac{\mathrm{d}}{\mathrm{d}t}\xi(t)=f(\xi(t),\eta(t),t)\qquad\forall t\in\xi.\mathrm{dom} \tag{3-9}$$

上述关于解的定义是相当严格的，因为它不仅要求 ξ 是连续的，而且相对于时间 t 是可

微的。如果输入信号 $\boldsymbol{u}$ 是不连续的，如图 3-1 所示，那么 ξ 可能在不连续点处不可微，此时 $\frac{\mathrm{d}}{\mathrm{d}t}\xi(t)$ 并没有得到确切的定义。

实际上，不连续的输入是普遍存在的，并非特例。在一个 CPS 中，输入 $\boldsymbol{u}$ 通常是由软件计算的，也可能是通过求解某一个优化问题得到的，因此它在时间轴上可能是不连续变化的。下面，通过定义一类适用于建模输入轨迹的不连续函数，对微分方程解的概念进行泛化。

定义 3-2 轨迹 $\boldsymbol{\eta}:[0,+\infty)\rightarrow \mathrm{val}(\boldsymbol{u})$ 是分段连续的，相对于不连续点集合 $\mathrm{DC}_\eta\subseteq\boldsymbol{\eta}.\mathrm{dom}$，有

1）对于所有 $t_d\in \mathrm{DC}_\eta$，η 在 t_d 处的左右极限存在，即

$$\lim_{t\to t_d^+}\boldsymbol{\eta}(t)<\infty \text{ 且} \lim_{t\to t_d^-}\boldsymbol{\eta}(t)<+\infty$$

2）它是右连续的，即

$$\lim_{t\to t_d^+}\boldsymbol{\eta}(t)=\boldsymbol{\eta}(t_d)$$

3）在任意的有限闭区间内，只存在有限多个不连续点，即对于任意 $t_0<t_1$，$[t_0,t_1]\cap \mathrm{DC}_\eta$ 是有限的。

定义 3-3 对于任意分段连续的输入轨迹 $\boldsymbol{\eta}:[0,T]\rightarrow\mathrm{val}(\boldsymbol{u})$，以及初始估值 $x_0\in\mathrm{val}(\boldsymbol{x})$，轨迹 $\xi:[0,T]\rightarrow\mathrm{val}(\boldsymbol{x})$ 是式(3-7)的解，有

$$\xi(0)=x_0 \tag{3-10}$$

$$\frac{\mathrm{d}}{\mathrm{d}t}\xi(t)=f(\xi(t),\boldsymbol{\eta}(t),t)\quad \forall t\in\xi.\mathrm{dom}\backslash \mathrm{DC}_\eta \tag{3-11}$$

上述定义阐明了轨迹 ξ 作为常微分方程解的含义。

定义 3-4 函数 $f:\mathbb{R}^n\rightarrow\mathbb{R}^n$ 是利普希茨(Lipschitz)连续的，如果存在某一常数 $L>0$，使得对于任意的 $\boldsymbol{x}_1$，$\boldsymbol{x}_2\in\mathbb{R}^n$，有 $f(\boldsymbol{x}_1)-f(\boldsymbol{x}_2)\leqslant L\boldsymbol{x}_1-\boldsymbol{x}_2$，$L$ 称为 f 的利普希茨常数。

所有具有有界导数的可微函数都是利普希茨连续的。利普希茨连续的定义可以扩展到任意度量空间上的映射。

下述定理 3-1 给出了常微分方程具有唯一解或存在唯一轨迹的充分条件。

定理 3-1 如果式(3-7)中的 f 在第一个自变量上是利普希茨连续的，那么对于任何分段连续的输入轨迹 $\boldsymbol{\eta}$，该常微分方程具有唯一解。

如果函数 f 是利普希茨连续的，那么根据定理 3-1，对于每个初始状态 x_0 和输入 $\boldsymbol{\eta}$，存在唯一的解或状态轨迹 $\xi:[0,T]\rightarrow\mathrm{val}(\boldsymbol{x})$。这使得常微分方程是确定性的。除非另有说明，本书考虑的所有常微分方程都将满足这些条件，保证具有唯一解。但是，知道解的存在性仅是开始。一般来说，找到非线性常微分方程的解析解是困难的。3.8 节将讨论如何数值计算近似轨迹。

3.3 特殊的常微分方程

3.3.1 时不变系统和自治系统

如果常微分方程右侧的函数 f 与时间无关，如式(3-7)，则该方程描述的系统称为时不变系统。

事实上，“时不变”这一形容词可能会引起混淆。考虑一个时不变的时钟模型，其初始值为 clk=0 且 $t=0$，则该常微分方程的解，即轨迹 ξ，满足 $(\xi\downarrow \text{clk})(t)=t$ 且对所有 $t\geqslant 0$ 成立，那么 ξ 显然是依赖时间的。其中，$\downarrow$ 表示投影；$(\xi\downarrow \text{clk})$ 表示对轨迹 ξ 进行投影，仅保留“时钟”这一分量，ξ 对应于 clk 的子轨迹。因此，时不变实际上意味着从时间点 t 开始的轨迹仅取决于当前状态和当前输入，而不是独立变量 t 的具体值。

自治系统是一类没有输入的常微分方程，通常描述为

$$\dot{\boldsymbol{x}}=f(\boldsymbol{x}(t),t) \tag{3-12}$$

如果它同时也是时不变的，进一步可以描述为

$$\dot{\boldsymbol{x}}=f(\boldsymbol{x}) \tag{3-13}$$

3.3.2 线性系统

如果常微分方程右侧函数 f 是关于状态 $\boldsymbol{x}$ 和输入 $\boldsymbol{u}$ 的线性函数，如式(3-7)所示，则该系统称为线性系统。由于任何线性函数 f 都可以表示为矩阵-向量的乘积，因此线性系统的标准形式写为

$$\dot{\boldsymbol{x}}(t)=\boldsymbol{A}(t)\boldsymbol{x}(t)+\boldsymbol{B}(t)\boldsymbol{u}(t) \tag{3-14}$$

式中，$\boldsymbol{x}(t)$ 和 $\boldsymbol{u}(t)$ 分别为状态向量和输入向量；$\boldsymbol{A}(t)$ 和 $\boldsymbol{B}(t)$ 为关于 t 的系统矩阵函数。

线性系统是物理过程建模中最受欢迎的模型，因为它们的解是线性的。

定理 3-2 $\xi(x_0,t,\boldsymbol{\eta})$ 为式(3-14)在时间 t 上的轨迹，对于任意初始状态 $x_0\in \text{val}(\boldsymbol{x})$，以及任意分段连续输入 $\boldsymbol{\eta}:[0,+\infty)\to \text{val}(\boldsymbol{u})$，有

1)（解的连续性）$\xi(\boldsymbol{x},\cdot,\boldsymbol{\eta}):\mathbb{R}\to \text{val}(\boldsymbol{x})$ 在除 DC_{η} 之外的所有状态处都是连续可微的。

2)（初始状态的连续性）$\xi(\cdot,t,\boldsymbol{\eta}):\text{val}(\boldsymbol{x})\to \text{val}(\boldsymbol{x})$ 对于初始状态 x_0 是连续的。

3)（解的线性）对于任意一对初始状态 x_0，x_0' 和输入 $\boldsymbol{\eta},\boldsymbol{\eta}':[0,+\infty)\to \text{val}(\boldsymbol{u})$，以及实数常数 a_1，$a_2\in\mathbb{R}$，有

$$\xi(a_1x_0+a_2x_0',t,a_1\boldsymbol{\eta}+a_2\boldsymbol{\eta}')=a_1\xi(x_0,t,\boldsymbol{\eta})+a_2\xi(x_0',t,\boldsymbol{\eta}')$$

4)（解的叠加性）对于任意初始状态 $x_0\in \text{val}(\boldsymbol{x})$ 和输入 $\boldsymbol{\eta}:[0,+\infty)\to \text{val}(\boldsymbol{u})$，有

$$\xi(x_0,t,\boldsymbol{\eta})=\xi(x_0,t,0)+\xi(0,t,\boldsymbol{\eta})$$

定理 3-2 的结论 3)给出了线性式(3-14)解的空间构成了线性向量空间的关键描述；结论 4)刻画了初始条件和输入的分离原理。

如果系统矩阵 $\boldsymbol{A}(t)$ 和 $\boldsymbol{B}(t)$ 与 t 无关，那么系统称为线性时不变(LTI)系统。LTI 系统的重要性质是其初值问题的解可以用基本函数表示，即对于任意初始状态 $x_0\in \text{val}(\boldsymbol{x})$ 和输入 $\boldsymbol{\eta}$，LTI 系统的唯一轨迹 ξ 为

$$(\xi\downarrow\boldsymbol{x})(t)=\mathrm{e}^{\boldsymbol{A}t}(\xi(0)\downarrow\boldsymbol{x})+\int_0^t \mathrm{e}^{\boldsymbol{A}(t-s)}\boldsymbol{B}\boldsymbol{\eta}(s)\mathrm{d}s \tag{3-15}$$

指数矩阵 $\mathrm{e}^{\boldsymbol{A}t}$ 定义为无穷级数，即

$$\mathrm{e}^{\boldsymbol{A}t}=\sum_{k=0}^{+\infty}\frac{t^k}{k!}\boldsymbol{A}^k \tag{3-16}$$

尽管可以证明对于任意方阵 $\boldsymbol{A}$，该级数都是收敛的，但通常不易精确计算。当 $\boldsymbol{A}$ 是对角矩阵时(即存在一个非奇异矩阵 $\boldsymbol{P}$，使得 $\boldsymbol{P}^{-1}\boldsymbol{A}\boldsymbol{P}$ 是以 $\boldsymbol{A}$ 的特征值 $\{\boldsymbol{\lambda}_i\}$ 为对角元素形成的对角矩阵 $\boldsymbol{D}$)，计算 $\mathrm{e}^{\boldsymbol{A}t}$ 比较简单。在这种情况下，$\mathrm{e}^{\boldsymbol{A}t}$ 的对角元素为 $\mathrm{e}^{\boldsymbol{D}t}=\boldsymbol{P}\mathrm{e}^{\boldsymbol{D}t}\boldsymbol{P}^{-1}$ 且 $\mathrm{e}^{\boldsymbol{D}t}$ 是一个对角

矩阵，对角元素为 $e^{\lambda_i t}$。对于一般矩阵，e^{At} 可通过 $\boldsymbol{A}$ 的若尔当(Jordan)标准型或拉普拉斯(Laplace)变换计算。

3.4 语义：可达状态、不变量和稳定性

给定初始状态集合 $\Theta \subseteq \mathrm{val}(\boldsymbol{x})$，下面将讨论自治常微分方程，例如式(3-12)的语义。对于每一个初值 $x_0 \in \Theta$，式(3-12)定义了轨迹(可能是无限的)，或解 $\xi:[0,T]\rightarrow \mathrm{val}(\boldsymbol{x})$。其中 $\xi(0)=x_0$。这里每一条轨迹都刻画了状态向量 $\boldsymbol{x}$ 随时间 t 的演化。状态 $\boldsymbol{x}$ 是可达的，如果存在一条轨迹 ξ 和时间 $t \in \tau.\mathrm{dom}$，使得 $\xi(t)=\boldsymbol{x}$。所有可达状态的集合称为可达集，记为 $\mathrm{Reach}(\Theta)$。$\mathrm{Reach}(\Theta,T)$ 表示在最大时间 T 内所有可达状态的集合。

不变量 S 是一个包含 $\mathrm{Reach}(\Theta)$ 的集合。换句话说，从初始集合 Θ 出发的任何解轨迹，其状态始终在 S 内，而不会到达 S 外的区域。

对于由式(3-13)所定义的系统，其平衡点是一个系统状态 $x^* \in \mathrm{val}(\boldsymbol{x})$。在该点处微分方程的右侧为零，即 $f(x^*)=0$。在不失一般性的情况下，通常假设 x^* 是坐标系的原点。换言之，$f(0)=0$ 是函数 f 的一个固定点。

下面通过欧几里得范数或2-范数来定义系统的稳定性。

定义 3-5 考虑由式(3-12)所描述的自治动态系统。

1) 在李雅普诺夫(Lyapunov)意义下，原点是一个稳定的平衡点，如果对于每个 $\varepsilon>0$，存在 $\delta_1(\varepsilon)>0$，使得对于每条闭轨迹 ξ，有

$$|\xi(0)| \leqslant \delta_1 \Rightarrow \forall t>0 \quad |\xi(t)| \leqslant \varepsilon$$

在这种情况下，称系统是李雅普诺夫稳定的，或者简单地称它为稳定。

2) 系统是渐近稳定的，如果稳定并且存在 $\delta_2>0$，使得对于任意执行 ξ 满足 $|\xi(0)| \leqslant \delta_2$，那么有

$$\xi(t)\rightarrow 0 \quad 当\ t\rightarrow +\infty\ 时$$

如果上述渐近稳定性条件对所有 δ_2 成立，则系统是全局渐近稳定的。

3) 系统是指数稳定的，如果存在正数 δ_3、c 和 λ，使得对于所有执行 ξ 满足 $|\xi(0)| \leqslant \delta_3$，并且对于所有时间 t

$$|\xi(t)| \leqslant c|\xi(0)|e^{-\lambda t}$$

如果上述指数稳定性条件对所有 δ_3 成立，则系统是全局指数稳定的。

对于一个稳定系统，在一个半径为 ε 的任意小的球域内选择初始状态，则可以使得状态被限定在一个较小的半径为 δ_1 的球域内。

一个稳定系统也是渐近稳定的，如果可以选择一个半径为 δ_2 的球域，使得从该球域内的任意初始状态开始，状态随着时间趋于无穷时收敛到平衡状态。全局渐近稳定意味着从任意状态开始的执行都将收敛到平衡状态。

对于一般的非线性动态系统，局部渐近稳定并不意味着李雅普诺夫稳定。指数稳定不仅意味着轨迹收敛，而且意味着以指数速率收敛到平衡状态。

值得注意的是，这些定义中的常数在执行之前就被量化了。这意味着上述稳定性的概念在所有执行上都是一致的。通过一致稳定性、一致渐近稳定性等术语来描述关于初始时间上的一致性。

3.4.1 单摆模型

描述单摆做简谐运动的微分方程可表示为

$$\ddot{\theta}=-\frac{g}{l}\sin(\theta)-\frac{k}{m}\dot{\theta}$$

式中，θ 为相对于垂直方向的角位置；$\dot{\theta}$ 为角速度；l 为无质量杆的长度；g 为重力加速度；k 为摩擦系数。这是一个非线性、时不变、自治常微分方程。通过定义两个实值状态变量 $x_1=\theta$ 和 $x_2=\dot{\theta}$，可以通过自动机语言描述 Pendulum 单摆模型。

Pendulum 单摆模型自动机程序如下：

```
automaton Pendulum(k,g,l:ℝ>0)
  variables
    x1,x2:Real
  trajectories
    evolve
      d(x2):=-(g/l)sin(x1)-(k/l)x2,d(x1):=x2
```


在 Pendulum 单摆模型中，k、l 和 g 是常值参数，这些参数的不同取值给出了不同的实例，这里并没有为 x_1 和 x_2 指定初始状态。图 3-2 所示的系统轨迹是数值模拟结果，模拟了从不同初始状态出发的情况，包括存在摩擦 $k\neq0$（如图 3-2a 所示）和无摩擦 $k=0$（如图 3-2b 所示）。可以很容易地计算出，两个系统在 $x_1^*=(x_1\mapsto0,x_2\mapsto0)$ 和 $x_2^*=(x_1\mapsto\pi,x_2\mapsto0)$ 处具有平衡状态（在 π 的倍数处也存在其他平衡态）。两个系统在 $(0,0)$ 处有一个稳定平衡点，在 $(\pi,0)$ 处有一个不稳定平衡点。有摩擦系统是渐近稳定的，而无摩擦系统仅在李雅普诺夫意义下是稳定的。具体来说，数值模拟表明 x_1^* 是稳定平衡态，而 x_2^* 是不稳定的。此外，当存在摩擦的时候，系统在局部是渐近稳定的。

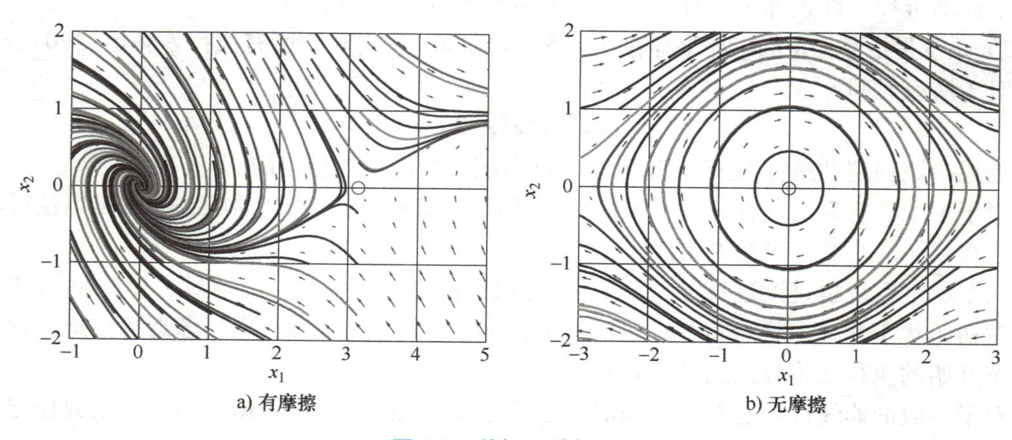

图 3-2 单摆系统轨迹

3.4.2 车辆运动学模型

地面车辆或空中飞行器的模型被广泛应用于运动规划算法中，用来近似运动体在控制作用下的行为。一些高精度模型，如 CarSim 商业模拟器中所使用的模型，可能包含有数百个状态变量，用以模拟发动机转矩、轮胎摩擦、车轮打滑和底盘动力特征等。这些模型可以精确预测车辆的响应，但难以对它们进行形式化分析。

因此，提出一个基本的运动学模型，也称为自行车模型或单轨车辆模型，如图 3-3 所示，这里给出简洁的推导。模型假设车辆有两个通过刚性连杆连接的车轮，车轮不打滑，且前轮可以转向。关键的状态变量如下：$\boldsymbol{p}_r=(x_r,y_r)$，为前后车轮在固定坐标系（单位向量为 $\boldsymbol{e}_x$ 和 $\boldsymbol{e}_y$）的坐标。前后车轮的速度向量分别为 $\dot{\boldsymbol{p}}_r$ 和 $\dot{\boldsymbol{p}}_f$。航向角 θ 为 x 轴与向量（$\boldsymbol{p}_f-\boldsymbol{p}_r$）之间的夹角。前轮的转向角为 δ，是一个受控的输入变量。

模型基于无滑移假设，这意味着车轮只能沿其所在平面的方向运动，而不会发生侧向滑动。为了阐明这一点，首先将速度 $\dot{\boldsymbol{p}}_r$ 和 $\dot{\boldsymbol{p}}_f$ 表示在与车轮对齐的局部坐标系中。对于后轮，则有

$$\dot{\boldsymbol{p}}_{r,local}=\boldsymbol{R}_\theta\dot{\boldsymbol{p}}_r=\begin{pmatrix}(\dot{\boldsymbol{p}}_r\cdot\boldsymbol{e}_x)\cos(\theta)+(\dot{\boldsymbol{p}}_r\cdot\boldsymbol{e}_y)\sin(\theta)\\-(\dot{\boldsymbol{p}}_r\cdot\boldsymbol{e}_x)\sin(\theta)+(\dot{\boldsymbol{p}}_r\cdot\boldsymbol{e}_y)\cos(\theta)\end{pmatrix}$$

式中

$$\boldsymbol{R}_\theta=\begin{pmatrix}\cos(\theta)+\sin(\theta)\\\sin(\theta)+\cos(\theta)\end{pmatrix}$$

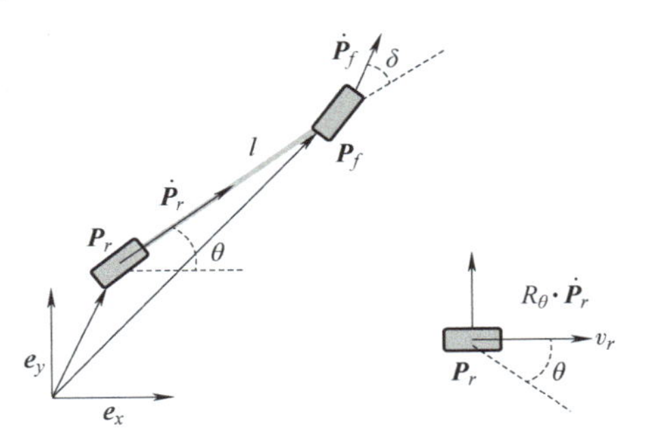

图 3-3　车辆运动学（自行车）模型

这是旋转矩阵。接下来，将 $\dot{\boldsymbol{p}}_{r,\mathrm{local}}$ 的第二个分量，即垂直于车轮所在平面的分量，设为零。进而可得

$$(\dot{\boldsymbol{p}}_r\cdot\boldsymbol{e}_x)\sin(\theta)=(\dot{\boldsymbol{p}}_r\cdot\boldsymbol{e}_y)\cos(\theta)\tag{3-17}$$

将 $\dot{\boldsymbol{p}}_{r,\mathrm{local}}$ 的第一分量，即后轮沿 $\boldsymbol{p}_f-\boldsymbol{p}_r$ 方向的速度记为 v_r，则有

$$v_r=\dot{\boldsymbol{p}}_r\cdot(\boldsymbol{p}_f-\boldsymbol{p}_r)/\boldsymbol{p}_f-\boldsymbol{p}_r$$

采用类似方法，可以在局部坐标系中推导出前轮的无滑移条件。前轮以速度 v_f，沿着相对于固定坐标系的角度 $\theta+\delta$ 以移动。车轮位置的分量形式可以写为

$$\dot{x}_r=v_r\cos(\theta)\quad\dot{y}_r=v_r\sin(\theta)\quad\dot{\theta}=\frac{v_r}{l}\tan(\delta)\tag{3-18}$$

$$\dot{x}_f=v_f\cos(\theta+\delta)\quad\dot{y}_f=v_f\sin(\theta+\delta)\quad\dot{\theta}=\frac{v_f}{l}\sin(\delta)\tag{3-19}$$

当转向角为 δ 时，通过推导向量 $\boldsymbol{p}_f-\boldsymbol{p}_r$ 的旋转速率，可以得到关于 θ 的常微分方程，其前轮和后轮速度关系为 $v_r=v_f\cos(\delta)$。航向角 θ 的动力学表示有时可简化为 $\dot{\theta}=\omega$。其中，引入了新的受控输入变量 ω，并附加约束条件 $\omega\in\left[\frac{v_r}{l}\tan(\delta_{\min}),\frac{v_r}{l}\tan(\delta_{\max})\right]$。$[\delta_{\min},\delta_{\max}]$ 是转向输入 δ 的固定范围限制。第二个受控输入变量同样具有范围限制，为前进速度 $v_r\in[v_{\min},v_{\max}]$。

在这种情况下，该模型被称为独轮车模型，因为所有状态变量的演化可以仅通过考虑单个车轮的运动来推导，下面程序给出了此运动学模型。值得注意的是，在不指定受控输入变量 v_r 和 δ 的行为之前，无法模拟该模型。如图 3-4 所示的路径，是使用练习题 3-2 描述的控制器生成的输入时，得到的典型轨迹。

Pendulum 独轮车模型自动机程序如下：

```
automaton Vehicle(ℓ,δ_min,δ_max,v_min,v_max:ℝ≥0)
  variables
    x_r,x_f,y_r,y_f,θ,v_f:Real,v_r:[v_min,v_max]
   ω:[(v_min/ℓ)tan(δ_min),(v_max/ℓ)tan(δ_max)]
     x:Real:=0;v:Real:=0;a:Real
  trajectories
    evolve
      v_f=v_r/cos(δ),d(x_r):=v_r cos(θ),d(y_r):=v_r sin(θ)
      d(x_f):=v_f cos(θ+δ),d(y_f):=v_f sin(θ+δ),d(θ):=ω
```

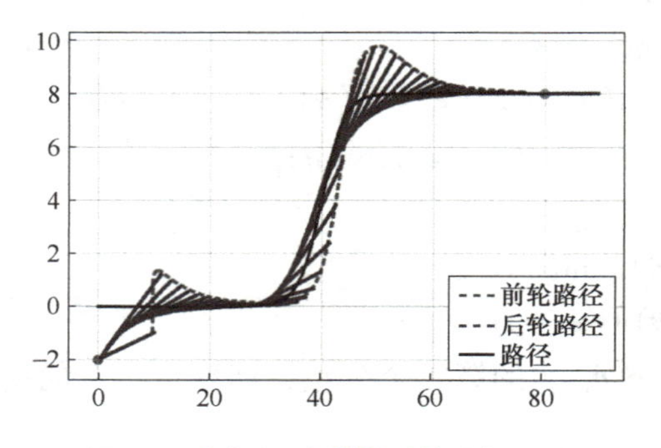

图 3-4　车辆运动学模型的路径跟踪

图 3-4 彩图

3.5　李雅普诺夫直接法证明稳定性

证明系统稳定性是一项极具挑战性的工作。数值模拟的方法难以涵盖所有可能的初始条件，无法扩展到无限时间，同时也容易累积误差。李雅普诺夫直接法则绕过轨迹计算，提供了一个充分条件，通过构造称为李雅普诺夫函数的特殊类型函数来间接证明稳定性。这些充分条件可以通过计算候选李雅普诺夫函数的时间导数来验证。

定理 3-3(李雅普诺夫稳定性)　考虑状态空间为 val($\boldsymbol{x}$) 的式(3-7)所定义的系统，并假设存在一个正定的连续函数 V: val($\boldsymbol{x}$)→ℝ，有

1）如果有

$$\dot{V}(\xi(t)) \triangleq \frac{\partial V}{\partial \boldsymbol{x}} f(\boldsymbol{x}) \leqslant 0 \tag{3-20}$$

则系统是李雅普诺夫稳定的。

2）如果对于所有 $\boldsymbol{x} \neq 0$，有

$$\dot{V}(\xi(t)) < 0 \tag{3-21}$$

则系统是渐近稳定的。如果 V 也是径向无界的，那么系统是全局渐近稳定的。

函数 V 满足严格不等式条件时称作式(3-7)的李雅普诺夫函数。否则，称为弱李雅普诺夫函数。对于一般的非线性模型，找到李雅普诺夫函数可能有些困难，但对于 LTI 系统，则

可以通过求解优化问题解决(见定理 3-5)。

对于自治 LTI 系统

$$\dot{\boldsymbol{x}}=\boldsymbol{A}\boldsymbol{x} \tag{3-22}$$

可以通过计算系统矩阵 $\boldsymbol{A}$ 的某些特征值来检查系统稳定性或不稳定性，而无须计算系统的轨迹或寻找李雅普诺夫函数。定理 3-4 中的结论是众所周知的，它通过矩阵 $\boldsymbol{A}$ 的特征值和 Jordan 分解来表征 LTI 系统的稳定性。

定理 3-4 如下条件成立时，式(3-22)描述的系统是稳定的：

1）当且仅当 $\boldsymbol{A}$ 的所有特征值的实部为零或负，且与零实部特征值对应的若尔当块阶数为 1 时，系统是李雅普诺夫稳定的。

2）当且仅当 $\boldsymbol{A}$ 的所有特征值的实部严格为负时，系统是渐近稳定的。这样的矩阵称为赫尔维茨矩阵。

3）当且仅当 $\boldsymbol{A}$ 的至少一个特征值的实部为正，或者零实部特征值对应的若尔当块阶数大于 1 时，系统是不稳定的。

定理 3-4 中的第二个条件意味着 $\xi(t)=\mathrm{e}^{\boldsymbol{A}t}$ 指数收敛到零，因此对于 LTI 系统，渐近稳定性和指数稳定性是等价的。

也可以将李雅普诺夫直接法应用于 LTI 系统，在这种情况下可以通过半定规划求解优化问题来计算李雅普诺夫函数。

定理 3-5 式(3-22)所描述的系统是渐近稳定的，当且仅当对于任意正定矩阵 $\boldsymbol{Q}$，存在唯一的对称正定矩阵 $\boldsymbol{P}$，使如下李雅普诺夫方程成立：

$$\boldsymbol{A}^{\mathrm{T}}\boldsymbol{P}+\boldsymbol{P}\boldsymbol{A}=-\boldsymbol{Q} \tag{3-23}$$

应用定理 3-5 时，选择一个正定矩阵 $\boldsymbol{Q}$，如单位矩阵，并求解 $\boldsymbol{P}$。如果找到一个正定矩阵 $\boldsymbol{P}$，则构造的二次李雅普诺夫函数为 $V(\boldsymbol{x})\triangleq\boldsymbol{x}^{\mathrm{T}}\boldsymbol{P}\boldsymbol{x}$。可以看到 $\dot{V}(\boldsymbol{x})=(\boldsymbol{A}\boldsymbol{x})^{\mathrm{T}}\boldsymbol{P}\boldsymbol{x}+\boldsymbol{x}^{\mathrm{T}}\boldsymbol{P}(\boldsymbol{A}\boldsymbol{x})$，可以写成 $\boldsymbol{x}^{\mathrm{T}}(\boldsymbol{A}^{\mathrm{T}}\boldsymbol{P}+\boldsymbol{P}\boldsymbol{A})\boldsymbol{x}=-\boldsymbol{x}^{\mathrm{T}}\boldsymbol{Q}\boldsymbol{x}$。因为 $\boldsymbol{Q}$ 是正定的，所以 V 满足式(3-21)。

总之，李雅普诺夫方法证明稳定性不需要显式解，但确实要找到一个李雅普诺夫函数。一般而言，对于非线性系统，可能不容易找到这样的函数，但对于线性系统，可以使用定理 3-5。稳定系统是否一定存在李雅普诺夫函数？也就是说，定理 3-4 的逆命题成立吗？事实上，在某些附加条件下，这样的逆定理确实成立。稳定的线性系统总是存在二次型李雅普诺夫函数。

3.6 微分方程的自动机建模

本节的微分方程采用本书第 2 章的自动机建模语言描述。

选择一个固定采样时间 $\delta>0$，可以构建一个自动机模型 $\mathcal{A}(\delta)$。其中，每个转移在 ODE 模型中代表 δ 时间上的状态演化。考虑一个对应式(3-13)的自动机 $\mathcal{A}(\delta)=(\mathcal{V},\Theta,A,D)$，因为 $\boldsymbol{x}\in\mathbb{R}^n$，可以定义 $\mathcal{V}=\{\boldsymbol{x}\}$ 且 $\mathrm{type}(\boldsymbol{x})=\mathbb{R}^n$。另一种选择是定义 $\mathcal{V}=\{x_1,x_2,\cdots,x_n\}$，且 $\mathrm{type}(x_i)=\mathbb{R}$，对于每个 $i\in\{1,2,\cdots,n\}$。状态空间 $\mathrm{val}(\mathcal{V})$ 是 $\boldsymbol{x}$ 的所有可能取值的集合，且与 $\mathbb{R}^n$ 同构。一组初始状态 Θ 可以定义为对 $\boldsymbol{x}$ 的一个谓词。这里动作集合的定义并不重要，选择 $A=\{a\}$。最后，定义从 $\boldsymbol{x}$ 到 $\boldsymbol{x}'$ 的转移集合 D，使得从 $\xi(0)=\boldsymbol{x}$ 到 $\xi(\delta)=\boldsymbol{x}'$ 存在一个解 ξ 满足式(3-13)。这个定义的采样时间模型类似本书第 2 章 2.3 节描述的自动机模型。

通常，人们发现对于 ODE 解的时间采样，使用差分方程形式的离散时间动态系统更方便处理，即

$$\boldsymbol{x}(t+1)=f(\boldsymbol{x}(t),t)$$

3.7 简化的经济学模型

反映一个国家经济状况的简单线性模型如下：

$$\begin{aligned}\dot{x}&=x-\alpha y\\ \dot{y}&=\beta(x-y-g)\end{aligned} \tag{3-24}$$

式中，x 为国民收入；y 为消费者支出率；g 为政府支出率，与国民收入的关系的代数表示为 $g=g_0+kx$；α、β 和 k 为正常数($\alpha,\beta>1$)。

如果令方程右侧为零，可以找到系统的平衡点 x^*。注意，政府支出的与收入无关的部分 g_0 影响平衡。如果将坐标系移到 x^*，则在新坐标系中的系统动态表示为以下的 LTI 模型：

$$\begin{pmatrix}\dot{x}_1\\ \dot{y}_1\end{pmatrix}=\begin{pmatrix}1 & -\alpha\\ \beta(1-k) & -\beta\end{pmatrix}\begin{pmatrix}x_1\\ y_1\end{pmatrix} \tag{3-25}$$

对于 $\alpha=3$、$\beta=1$ 和 $k=0$，矩阵 $\boldsymbol{A}$ 的特征值为($-0.25+\mathrm{i}1.714$)和($-0.25-\mathrm{i}1.714$)，由于两者的实部均为负，根据定理 3-4，可以得出系统是渐近稳定的。那么，国民收入和消费者支出稳定在 $x^*\lceil x\approx 1.764$ 和 $x^*\lceil y\approx 5.294$。

通过选择正定矩阵 $\boldsymbol{Q}$，如 $\boldsymbol{Q}=\begin{pmatrix}1 & 0\\ 0 & 1\end{pmatrix}$，可以求解李雅普诺夫方程，即式(3-23)，得到

$$\boldsymbol{P}=\begin{pmatrix}2.5971 & -2.2941\\ -2.2941 & 4.9216\end{pmatrix}$$

根据定理 3-5，得到的李雅普诺夫函数为二次函数 $V(\boldsymbol{x})=(\boldsymbol{x}-\boldsymbol{x}^*)^{\mathrm{T}}\boldsymbol{P}(\boldsymbol{x}-\boldsymbol{x}^*)$，并且该函数沿式(3-25)的所有轨迹指数衰减。图 3-5 所示为简化经济学模型的状态轨迹。图 3-5a 中，$\alpha=3$、$\beta=1.5$、$k=1$、$g_0=3$，虚线表示李雅普诺夫函数的水平集。可以证明，包含初始集合的任意子集都是系统的不变量(参见练习题 3-5)。

图 3-5 彩图

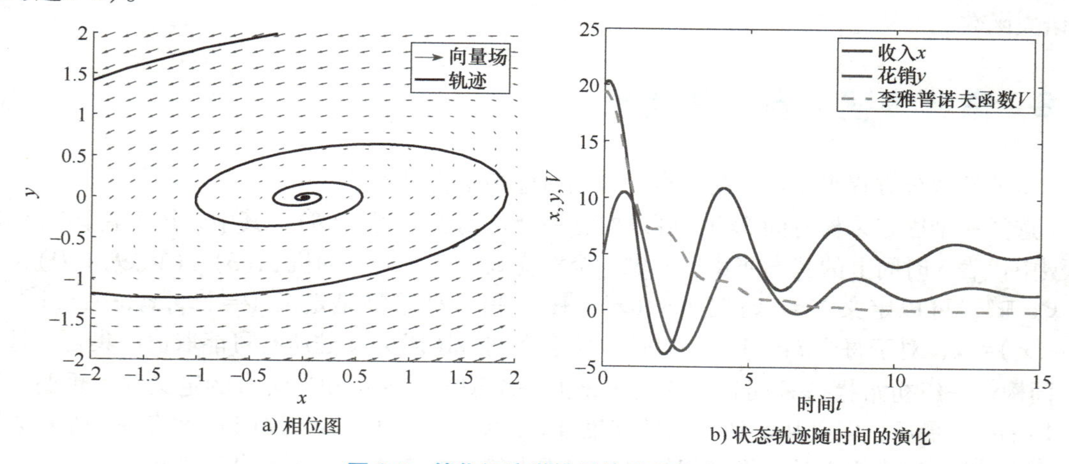

a) 相位图　　b) 状态轨迹随时间的演化

图 3-5　简化经济学模型的状态轨迹

3.8 常微分方程的数值模拟

一般情况下，求解或计算非线性微分方程的精确解是非常困难的。一些数值常微分方程求解器提供了从特定初始状态出发，在有限时间内解的数值近似。

实际上，数值模拟问题包括两种类型。其中一类是刚才描述的初值问题，即给定应该初始状态 x_0，需要在一组有限的离散时间点（$t=0,\delta,2\delta,\cdots,n\delta$）上，计算沿轨迹 $\xi(t)$ 的状态变量的取值。一般来说，时间点不必均匀分布。另一类则是边界值问题，轨迹 ξ 的边界条件在多个点上被指定。接下来，将讨论求解常微分方程初值问题的方法。

数值解或模拟是一个有限的状态-时间对序列（x_0,t_0），（x_1,t_1），…，（x_n,t_n），使得对于每个状态-时间对（x_i,t_i），从 x_0 开始的实际轨迹 ξ 和数值计算结果 x_i 在时间 t_i 处的误差值 $|x_i-\xi(t_i)|$ 足够小。

计算数值解的基本思想是将微分方程转换为因变量对于自变量的有限变化的代数更新规则。考虑自治微分方程（式（3-12））。如果将自变量（时间）的步长设为 $h>0$，那么从初始状态 x_0 出发，可以使用欧拉法作为一种基本的更新规则，有

$$
\begin{aligned}
t_{k+1} &= t_k+h \\
x_{k+1} &= x_k+hf(\xi(t_k),t_k)
\end{aligned}
\tag{3-26}
$$

显然，这种方法是不精确的，因为它将状态更新推进了 h 单位时间，但仅使用了区间起点处的旧的导数值。

如果改为使用区间中点处的导数值，那么由此产生的对称性会抵消一阶误差项。这样得到一个二阶的龙格-库塔（Runge-Kutta）法，也称为中点法。方程如下：

$$
\begin{aligned}
t_{k+1} &= t_k+h \\
d_1 &= hf(x_k,t_k) \\
d_2 &= hf\left(x_k+\frac{d_1}{2},t_k+\frac{h}{2}\right) \\
x_{k+1} &= x_k+d_2
\end{aligned}
\tag{3-27}
$$

通过幂级数展开可以证明，每一步引入的误差 $|x_k-\xi(t_k)|$ 是 $O(h^3)$。这一方法在 t_k 和 t_{k+1} 之间对右端函数进行了额外的一次中间计算。进一步计算则可以利用常用的四阶龙格-库塔法：

$$
\begin{aligned}
t_{k+1} &= t_k+h \\
d_1 &= hf(x_k,t_k) \\
d_2 &= hf\left(x_k+\frac{d_1}{2},t_k+\frac{h}{2}\right) \\
d_3 &= hf\left(x_k+\frac{d_2}{2},t_k+\frac{h}{2}\right) \\
d_4 &= hf(x_k+d_3,t_k+h) \\
x_{k+1} &= x_k+\frac{d_1}{6}+\frac{d_2}{3}+\frac{d_3}{3}+\frac{d_4}{6}
\end{aligned}
$$

该方法需要对右端函数进行4次计算，每一步的误差是 $O(h^5)$。四阶龙格-库塔法通常

比中点法更精确，但更高阶并不一定意味着更高的精度。对于用于生成微分方程模拟的更快和更精确的算法，其中一些使用可变或自适应步长。

考虑如下的桌面直升机系统的非线性常微分方程模型：

$$\frac{d^2\theta}{dt^2}=-\Omega^2\cos\theta+u \tag{3-28}$$

该方程描述了俯仰角 θ 和输入旋翼推力 u 之间的动态关系。其中，Ω 是常数，代表直升机的转动惯量。使用各种方法得到的直升机系统的数值解如图 3-6 所示。这里，中点法和四阶龙格-库塔方法给出的模拟点几乎无法区分，而欧拉法的结果则有显著差异。

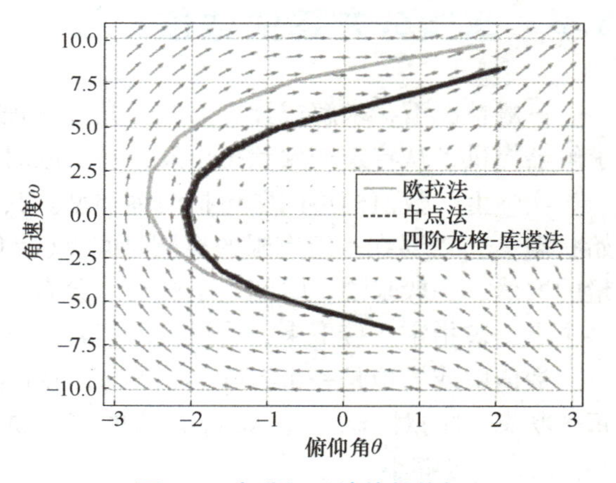

图 3-6 直升机系统的数值解

3.9 闭环与控制综合

常微分方程或带有输入的开环系统的语义，如式(3-7)所示，与自治(或闭环)系统的定义相同(见 3.4 节)。通过定理 3-1 可以知道，对于任意初始状态 $x_0\in\Theta$ 和任何分段连续的输入轨迹 $\boldsymbol{\eta}$，式(3-7)有一个唯一的状态轨迹或解。

设 $\xi_{x_0,\eta}:[0,T]\to\mathrm{val}(\boldsymbol{x})$ 表示该解。那么所有此类轨迹的集合，即从所有初始状态和所有可能的输入出发，定义了系统的所有可能开环行为的集合。若存在初始状态 x_0、输入 $\boldsymbol{\eta}$ 和时间 t，使得 $\xi_{x_0,\eta}(t)=x$，则状态 x 是可达的。开环可达集合和有界可达集合以类似方式定义。

对于开环系统或物理对象，一个自然的问题是设计一个控制器，以便得到的闭环控制系统满足所需要求。

图 3-7 给出了闭环系统示例。物理动态遵循式(3-7)，并具有附加扰动输入 $d(t)$。通常，控制器无法直接获取到物理状态 $x(t)$，与之相反，观测信息 $y(t)=h(x(t))$ 则是状态的一个函数。这里，$h()$ 是将实际状态映射为观测输出的观测函数，可能包括量化和其他作用因素。期望输出 $y_d(t)$ 称为设定值，而实际输入到控制器的是 $y(t)$ 和 $y_d(t)$ 之间的误差。最后，$g()$ 是控制器函数，它基于当前观测 $y(t)$ 或当前误差 $e(t)$ 决定对物理对象的输入 $u(t)$。

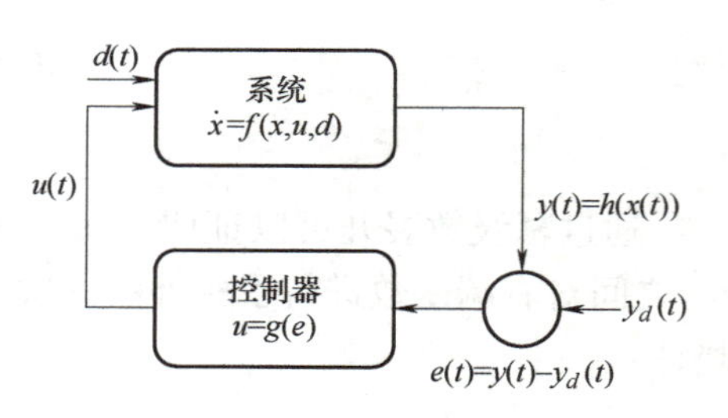

图 3-7 闭环控制系统示例

控制器设计与综合包含了构建控制器函数 $g()$ 的各种方法，以便使闭环系统的所有轨迹都能满足所需的设计要求。这些要求可以通过稳定性、不变量、相对于扰动的性能、某些增益的最小化以及关于轨迹的其他属性来形式化表达。接下来将讨论比例-积分-微分(PID)控制器，它是工业领域应用最广的控制器设计方法之一。

3.9.1 比例-积分-微分控制器

PID 控制器是目前工业产业设计中最常用的控制器。根据对精炼、化工、纸浆和造纸行业中超过 11000 种控制器的调查，97% 的控制器使用 PID 控制器。

PID 控制的具体函数形式为

$$u(t)=K_{\mathrm{P}}e(t)+K_{\mathrm{I}}\int_0^t e(s)\,\mathrm{d}s+K_{\mathrm{D}}\frac{\mathrm{d}}{\mathrm{d}t}e(t) \tag{3-29}$$

式中，K_{P}、K_{I} 和 K_{D} 分别为比例(P)、积分(I)和微分(D)增益。

大致来说，$K_{\mathrm{P}}e(t)$与误差的大小成正比，但单独使用它可能无法在存在干扰的情况下消除稳态误差。积分项与误差的大小和持续时间成正比，可用于消除稳态误差。然而，由于该项响应对应于过去累积的误差，可能会导致系统超过设定值。$K_{\mathrm{D}}\frac{\mathrm{d}}{\mathrm{d}t}e(t)$预测误差变化并用于改善稳定时间和稳定性。调节增益项 K_{P}、K_{I} 和 K_{D} 涉及在控制系统的各种性能标准之间进行权衡。

作为一个简单示例，考虑只具有单积分动态的系统

$$\dot{y}(t)=u(t)+d(t)$$

式中，$d(t)$为未知干扰；$u(t)$为控制输入。

使用比例控制，有

$$u(t)=-K_{\mathrm{P}}e(t)=-K_{\mathrm{P}}(y(t)-y_d(t))$$

闭环系统方程变为

$$\dot{y}(t)=-K_{\mathrm{P}}y(t)+K_{\mathrm{P}}y_d(t)+d(t)$$

负比例增益$-K_{\mathrm{P}}$ 确保输出 $y(t)$是稳定的。假设稳态干扰值为 d_{ss}，设定点为常数 $y_{d,ss}$，则稳态输出为 $y_{ss}=y_{d,ss}+\frac{d_{ss}}{K_{\mathrm{P}}}$，稳态误差为$\frac{d_{ss}}{K_{\mathrm{P}}}$。系统解为

$$y(t)=y(0)e^{-t/T}+y_{ss}(1-e^{-t/T})$$

式中，$T=1/K_{\mathrm{P}}$，为时间常数。

因此，为了减小稳态误差，可以通过增加比例增益 K_{P} 来实现，但代价是更长的稳定时间和更高的不稳定性风险。

3.9.2 控制器综合问题

除了 PID 控制器之外，还有许多其他类型控制器的设计方法，这也是控制理论和计算机科学中的一个非常活跃的研究领域。

定义 3-6 给定动态系统式(3-7)和一组要求 R，那么控制器设计或者控制综合问题就是计算输入 η(如果可能的话)，使得每条轨迹满足要求 R。

系统综合问题与验证问题之间的联系：首先，如果备选的控制器的数量是有限的，那么可以将这些有限个可能性逐一验证是否符合要求，直到找到一个满足条件的控制器，或者确定没有控制器能够满足要求。其次，需求是这两类问题的共同输入，除了稳定性和不变量之外，许多其他类型的需求(如使用时序逻辑)都可以应用于验证和综合。

本章小结

本章介绍了如何使用常微分方程对物理过程进行数学建模，是在本书第 2 章自动机语言的基础上增加了一条语句用于描述常微分方程。通过方程解的概念定义了常微分方程的语义，并讨论了它们存在和唯一的充分条件。本章还讨论了可达状态、稳定性、两者之间的关系以及李雅普诺夫方法证明稳定性。本书第 4 章将结合第 2 章和本章的概念，使用自动机和微分方程对 CPS 进行数学建模。

练习题

3-1　考虑 3.4.2 节描述的车辆运动学模型，并将后轮速度固定为常数 $v_r>0$。设计一个控制器函数，它将车辆的当前状态 x 和目标航向角 θ^* 作为模型输入，产生输出舵角 ω，以便车辆最终朝 θ^* 方向前进。请编写程序来实现这一闭环控制系统。(提示：使用比例控制器)

3-2　为上述车辆自动机模型定义一个航点跟随控制器。给定目标状态 x^* 和增益常数 k_1、k_2、$k_3>0$，定义关于状态 x 的反馈控制输入如下：

$$v_r=(x^*\lceil v_r)\cos(\theta_e)+k_1x_e$$
$$\omega=x^*\lceil\omega+(x^*\lceil v_r)(k_2y_e+k_3\sin(\theta_e))$$

式中的状态 x 相对于目标状态 x^* 的误差向量$(x_e\quad y_e\quad \theta_e)$定义为

$$\begin{pmatrix}x_e\\y_e\\\theta_e\end{pmatrix}=\begin{pmatrix}\cos(x\lceil\theta) & \sin(x\lceil\theta) & 0\\-\sin(x\lceil\theta) & \cos(x\lceil\theta) & 0\\0 & 0 & 1\end{pmatrix}\begin{pmatrix}(x^*\lceil x_r)-(x\lceil x_r)\\(x^*\lceil y_r)-(x\lceil y_r)\\(x^*\lceil\theta)-(x\lceil\theta)\end{pmatrix}$$

补全 Vehicle 中的代码，以建立一个受控的车辆模型。编写程序以实现该闭环系统。

3-3　给出一个不稳定的线性时变系统 $\dot{\boldsymbol{x}}=\boldsymbol{A}(t)\boldsymbol{x}$ 的例子，使得对于每个时刻 $t\geqslant0$，矩阵 $\boldsymbol{A}(t)$都是赫尔维茨的(即其每个特征值的实部均为负)。

3-4　对于一个线性自治系统，证明如果初始状态集合是凸集，那么在任意时刻 $t>0$，其可达集也是凸集。如果初始集合 Θ 是一个有界多面体，则可达集 Reach(Θ,t)也是由 Θ 的顶点所到可达状态形成的凸包。

3-5　考虑一个自治动态系统，其初始集合 $\Theta\subseteq$val$(\boldsymbol{x})$，并设有一个李雅普诺夫函数 V：val$(\boldsymbol{x})\rightarrow R$。证明包含 Θ 的 V 的任意水平集是系统的不变量。

3-6　考虑练习题 3-2 中所定义的控制器作用下的车辆模型。证明以下是该闭环系统的李雅普诺夫函数：

$$V=\frac{1}{2}(x_e^2+y_e^2)+(1-\cos(\theta_e))/k_2$$

参考文献

[1]　DREYER T P. Modelling with ordinary differential equations [M]. Boca Raton: CRC Press, 2017.
[2]　PHILLIPSON P E, SCHUSTER P. Modeling by nonlinear differential equations: dissipative and conservative

processes [M]. Singapore: World Scientific, 2009.

[3] WITELSKI T, BOWEN M. Methods of mathematical modelling: continuous systems and differential equations [M]. Heidelberg: Springer International Publishing, 2015.

[4] ARNOL'D V I, SILVERMAN R A. Ordinary differential equations [M]. London: MIT Press, 1980.

[5] SWIFT R J, WIRKUS S A. A course in ordinary differential equations [M]. Boca Raton: CRC Press, 2006.

[6] TAHIR-KHELI R. Ordinary differential equations: mathematical tools for physicists [M]. Heidelberg: Springer International Publishing, 2019.

[7] HENDRICKS E, JANNERUP O, SØRENSEN P H. Linear systems control: deterministic and stochastic methods [M]. Heidelberg: Springer Berlin Heidelberg, 2008.

[8] DE GYURKY S M, TARBELL M A. The autonomous system: a foundational synthesis of the sciences of the mind [M]. Hoboken: Wiley, 2013.

[9] THYAGARAJAN T, KALPANA D. Linear and non-linear system theory [M]. Boca Raton: CRC Press, 2020.

[10] LIAO X, WANG L Q, YU P. Stability of dynamical systems [M]. Amsterdam: Elsevier Science, 2007.

[11] LEIGH J R. Essentials of nonlinear control theory [M]. London: P. Peregrinus, 1983.

[12] AGARWAL R P, O'REGAN D. An introduction to ordinary differential equations [M]. New York: Springer New York, 2008.

[13] DEUTSCH A, DORMANN S. Cellular automaton modeling of biological pattern formation: characterization, applications, and analysis [M]. New York: Birkhäuser Boston, 2005.

[14] VANDE WOUWER A, SAUCEZ P, VILAS C. Simulation of ODE/PDE models with MATLAB ®, OCTAVE and SCILAB: scientific and engineering applications [M]. Heidelberg: Springer International Publishing, 2014.

[15] MANJAREKAR N S, BANAVAR R N. Nonlinear control synthesis for electrical power systems using controllable series capacitors [M]. Heidelberg: Springer Berlin Heidelberg, 2012.

第4章 信息物理系统建模

导读

20世纪下半叶，描述计算和物理的数学在很大程度上是各自独立发展的，这点从前面的章节就可以看出。自动机在形式上与常微分方程(ODE)完全不同。然而，从早期基于计算机的导弹和航天器制导开始，计算在感知、规划、控制和监测物理过程方面发挥了越来越重要的作用，这些物理过程对现代交通、基础设施、医疗和制造系统至关重要。本章将综合第2章的自动机和第3章的常微分方程，介绍信息物理系统模型，即混杂自动机建模框架。混杂自动机的状态可以在瞬时转移，也可以随时间演化，当这两种方式结合在一起时，可能会出现奇怪或看似矛盾的行为。例如，混杂自动机可以在有限时间内执行无限多次转移；即使常微分方程是稳定的，混杂自动机也可能会变得不稳定。本章将介绍这些危害，并给出几个混杂模型的例子。

本章知识点

- 混杂自动机模型
- 状态变量和转移
- 混杂执行
- 可达状态、不变量以及稳定性

4.1 混杂自动机简介

4.1.1 引例：无缘轮

考虑一个无缘轮从斜坡上滚下来，这样的运动被辐条的撞击打断，如图4-1所示。在每次撞击中，机械能从撞击辐条传递到倾斜表面，然后在撞击后，车轮绕着撞击点旋转，能量又以同样的方式返回给辐条。在两次撞击之间，与表面接触的辐条像倒立摆一样旋转，车轮的其余部分也随之旋转。这是理解罗盘步态步行者和更复杂的双足机器人运动的起点。

在对无缘轮进行建模时，实际上只捕获与表面接触的一根辐条的状态，就可以完全定义系统的状态。具体来说，可以用 *pivot* 记作当前接触的辐条编号；θ 记作枢轴辐条在接触点相对于法线的角度；ω 是它的角速度。当碰撞发生的那一刻，也就是说，下一个辐条落在斜坡上，如图 4-1b 所示，下一个辐条成为 *pivot*。相较于车轮转动和连续撞击之间的时间，撞击过程中能量传递所需要的时间要短得多。因此，可以选择用瞬态离散转移模型来模拟撞击，用常微分方程来模拟撞击之间 *pivot* 的演化。

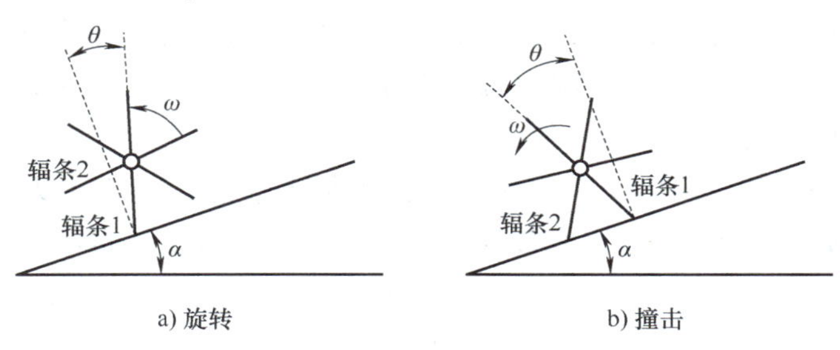

图 4-1　无缘轮沿斜面向下运动

4.1.2　混杂系统描述

本节将扩展第 2 章的语言来描述混杂系统。以无缘轮为例，它的混杂自动机模型主要包括三个参数：α 是斜面的斜率；n 是轮子的辐条数；μ 是角速度随撞击损失的恢复系数。为方便起见，将 β 定义为相交角，假设 $n\geqslant 6$，则 $\beta\leqslant\pi/3$。定义一个名为 *Spokes* 的新类型，作为整数 $\{1,\cdots,n\}$ 的集合，它用于记录 *pivot* 的编号。描述 RimlessWheel 混杂自动机的主体包括四个部分：执行(**actions**)，变量(**variables**)，转移(**transitions**)(见第 2 章所述)，以及一个称为轨迹(**trajectories**)的新部分。

RimlessWheel 混杂自动机程序如下：

```
automaton RimlessWheel(α,μ:Real,n:Nat)
  const β:Real:=2π/n
  type Spokes:enumeration[1,2,⋯;n]
  actions
    impact
  variables
    pivot:Spokes:=1,θ:Real:=0,ω:Real:=0
  transitions
    impact
    pre θ≥β/2
    eff pivot:=(pivot+1)  mod n
      θ:=-β/2,ω:=μω
  trajectories
    swing
    evolve
      d(θ)=ω,d(ω)=sin(θ+α)
    invariant θ≤β/2
```

执行(**actions**)部分列出了自动机的动作(在本例中仅为 impact)。自动机在变量(**variables**)部分声明了三个变量：*pivot* 是旋转辐条的编号，θ 是旋转辐条与法线的夹角，ω 是车轮的角速度。这三个变量的值定义了无缘轮的状态，它们分别初始化为常量 1、0 和 0。

无缘轮的状态可以以两种方式改变：要么在撞击瞬间改变，要么在撞击之间的一段时间内持续改变。第一种类型在转移(**transitions**)部分指定，第二种类型在轨迹(**trajectories**)部分指定。当 $\theta \geqslant \beta/2$ 时，转移发生，则 *pivot* 更新为 $(pivot+1) \bmod n$，θ 复位为 $-\beta/2$，ω 以 μ 的倍数递减。这些赋值定义了转移后的状态。

轨迹(**trajectories**)部分列出了一组模态，其中每个模态都指定了无缘轮变量(即 θ、ω 和 *pivot*)的有效轨迹。每个模态定义都以模态名称开头，然后是 **evolve** 关键字，后面跟着一组代数或微分方程，还有一个模态不变量(可选)。无缘轮仅有一个模态 swing，它规定了枢轴辐条在相邻两次撞击之间的运动。常微分方程的写法与第 3 章相同：连续变量 x 的时间导数写成 $\mathrm{d}(x)$，并且假设未提及的变量在轨迹上保持不变。在关键字 **invariant** 之后指定的模态不变量是一个涉及状态变量的谓词。如果轨迹 $\tau:[0,T] \to \mathrm{val}(\{\theta,\omega,pivot\})$ 是指定常微分方程的解，并且每个状态 $\tau(t)$ 对于每个 $t \in \tau.\mathrm{dom}$ 满足模态不变量，那么该轨迹是一个有效的轨迹。

为什么需要模态不变量？如果去掉模态不变量 $\theta \leqslant \beta/2$，那么就没有什么约束可以阻止 θ 超过 $\beta/2$，以及 $pivot+1$ 辐条穿透斜面。在无缘轮的所有轨迹中，ω 以 $\sin(\theta+\alpha)$ 的速率增加，对于小的斜率角是正的。**Invariant** $\theta \leqslant \beta/2$ 保证了在任意时间点，θ 最大不超过 $\beta/2$。如果 θ 等于 $\beta/2$，则该状态也满足碰撞的 **pre** 条件。在 swing 轨迹不违反模态不变量的情况下，时间无法前进，因此，无缘轮能够越过这一点的唯一方法是通过发生撞击来转移。在这种情况下，模态不变量一旦启用，就会强制 impact 转移发生。这些类型的转移被称为紧急转移。

4.2 混杂自动机定义

混杂自动机是用来模拟信息物理系统的数学对象，它的状态由一组变量定义，其估值的变化由转移和轨迹描述。因此，混杂自动机(Hybrid Automaton，HA)将自动机(第 2 章)的转移与常微分方程(第 3 章)定义的轨迹结合起来。

4.2.1 状态变量和转移

混杂自动机的变量与第 2 章和第 3 章的变量类似。对于多个变量组成的集合 V，每个变量 $v \in V$ 与一个类型相关联，记作 $\mathrm{type}(v)$。对变量集合 V 的赋值 $\boldsymbol{v}$，将每个变量 $v \in V$ 映射到 $\mathrm{type}(v)$ 中的某个值。所有赋值的集合 $\mathrm{val}(V)$ 是模型的状态空间。

当参数 α、μ、n 的值为固定常数时，无缘轮自动机 RimlessWheel(α,μ,n) 定义了一组变量 $V_{\mathrm{RimlessWheel}}=\{\theta,\omega,pivot\}$，其中 $\mathrm{type}(\theta)=\mathrm{type}(\omega)=\mathbb{R}$，$\mathrm{type}(pivot)=\{1,2,\cdots,n\}$。因此，无缘轮自动机模型的状态空间 $\mathrm{val}(V_{\mathrm{RimlessWheel}})$ 与 $\mathbb{R}^2 \times \{1,2,\cdots,n\}$ 同构，初始状态赋值为 $\boldsymbol{v}=(\theta \mapsto 0,\omega \mapsto 0,pivot \mapsto 1)$。参照前文，赋值对特定变量或变量集的限制用 $\lceil$ 表示。

变量和转移定义方式与第 2 章中 2.2 节相同。特别地，对于任意 $\boldsymbol{v}$，$\boldsymbol{v}' \in \mathrm{val}(V_{\mathrm{RimlessWheel}})$，当且仅当

$$
\begin{aligned}
&\boldsymbol{v}\lceil\theta\geqslant\beta/2\\
&\boldsymbol{v}'\lceil pivot=\boldsymbol{v}\lceil pivot+1\\
&\boldsymbol{v}'\lceil\theta=-\beta/2\\
&\boldsymbol{v}'\lceil\omega=\mu\omega
\end{aligned}
\tag{4-1}
$$

$(\boldsymbol{v},\mathrm{impact},\boldsymbol{v}')$是一个有效的转移。

设 V 是一个变量集，$X\subseteq V$ 为实值子集。对于 $\boldsymbol{v}$，用$\|\boldsymbol{v}\|$表示 v 限定于 X 的欧几里得范数$\|\boldsymbol{v}\lceil X\|$。对任意 $\delta>0$ 以及 $\boldsymbol{v}\in\mathrm{val}(V)$，集合

$$B_{\delta}(\boldsymbol{v})\triangleq\{\boldsymbol{v}'\in\mathrm{val}(V)\mid\|(\boldsymbol{v}\lceil X)-(\boldsymbol{v}'\lceil X)\|\leqslant\delta\}$$

是 $\boldsymbol{v}$ 附近的闭 δ-球。

4.2.2　轨迹和闭包

轨迹定义了变量的估计值如何随时间变化，沿着轨迹保持不变的变量称为离散变量，所有其他变量都是连续变量。在无缘轮中，*pivot* 是一个离散变量，因为它只在撞击发生时改变，其他情况保持不变；θ 和 ω 是连续变量。

如第 3 章所述，混杂自动机的轨迹由代数方程或常微分方程表示。变量集 V 的闭轨迹可以用函数 $\tau:[0,T]\rightarrow\mathrm{val}(V)$来表示，开轨迹 $\tau:[0,T)\rightarrow\mathrm{val}(V)$则将一个开放区间映射到估计值，无限轨迹是将$[0,\infty)$映射到 val$(V)$的开轨迹。函数 τ 的定义域用 $\tau.\mathrm{dom}$ 来表示，如果 τ 是有限的，那么它的极限用 $\tau.\mathrm{ltime}\triangleq\sup(\tau.\mathrm{dom})$来表示。轨迹的初始状态是 $\tau.\mathrm{fstate}=\tau(0)$；如果 τ 是闭合的，那么它的最终状态是 $\tau.\mathrm{lstate}\triangleq\sup(\tau.\mathrm{ltime})$。如果 $T=0$，则 τ 是将点$[0,0]$映射到 val(V)的轨迹。对于任意变量 $v\subseteq V$ 和 V 的轨迹 τ，v 的轨迹用函数$(\tau\downarrow v)$:$[0,T]\rightarrow\mathrm{val}(V)$来表示，定义为：对于每个 $t\in\tau.\mathrm{dom}$，$(\tau\downarrow v)(t)=\tau(t)\lceil v$。

当且仅当轨迹 τ 是演化(**evolve**)微分方程的解，且在每个时间点满足模态不变量，$\tau:[0,T]\rightarrow\mathrm{val}(V_{\mathrm{RimlessWheel}})$是无缘轮的有效轨迹。也就是说，在$[0,T]$区间内的任意时刻 s，必须满足以下条件：

$$\frac{\mathrm{d}}{\mathrm{d}t}(\tau\downarrow\theta)(s)=(\tau\downarrow\omega)(s)\tag{4-2}$$

$$\frac{\mathrm{d}}{\mathrm{d}t}(\tau\downarrow\omega)(s)=\sin((\tau\downarrow\theta)(s)+\alpha)\tag{4-3}$$

$$\frac{\mathrm{d}}{\mathrm{d}t}(\tau\downarrow pivot)(s)=(\tau\downarrow pivot)(0)\tag{4-4}$$

$$(\tau\downarrow\theta)(s)\leqslant\beta/2\tag{4-5}$$

式(4-2)和式(4-3)对应变量 θ 和 ω 的轨迹是混杂自动机 RimlessWheel 中倒数第二行非线性自治微分方程解的约束。由式(4-4)可知，离散变量 *pivot* 在 τ 上保持恒定。最后，由式(4-5)可知，在轨迹上的每个时间点，模态摆动(swing)的不变量必须满足。

接下来定义一些关于轨迹的运算。给定变量 V 的轨迹 $\tau:[0,T]\rightarrow\mathrm{val}(V)$，$t>0$，则时移 *shift*$\tau+t$ 是将 τ 移位 t 得到的函数，即$(\tau+t):[t,t+T]\rightarrow\mathrm{val}(V)$定义为：$\forall s\in[t,t+T]$，$(\tau+t)(s)=\tau(s-t)$。严格来说，当 $t>0$ 时，$\tau+t$ 不是轨迹。

轨迹 τ 的 t-*prefix*，$t\in\tau.\mathrm{dom}$，是一个较短的轨迹 τ'，它与 τ 到 t 是相同的。换言之，$\tau'.\mathrm{dom}=[0,t]$，对于$\forall s\in\tau'.\mathrm{dom}$，$\tau'(s)=\tau(s)$。轨迹 τ 的 t-*suffix*，$t\in\tau.\mathrm{dom}$，是一个较短

的轨迹 τ'，它与从 t 开始的 τ 相同，并且从 0 开始移位。也就是说，$\tau' \triangleq (\tau\lceil[t,\tau,\text{ltime}]) - t$。最后，定义两个轨迹 $\tau_1 \cap \tau_2$（τ_1 必须是闭合的）的连接作为新的轨迹 τ，其中 τ_1 之后是 τ_2。即 $(\tau_1 \cap \tau_2).\text{dom} = \tau_1.\text{dom} \cup (\tau_2 + \tau_1.\text{ltime})$，对于每个 $t \in (\tau_1 \cap \tau_2).\text{dom}$，有

$$(\tau_1 \cap \tau_2)(t) = \begin{cases} \tau_1(t) & t \leqslant \tau_1.\text{ltime} \\ \tau_2(t - \tau_1.\text{ltime}) & t > \tau_1.\text{ltime} \end{cases}$$

如果对于每一个 $\tau \in \Omega$，τ 的任何前缀 τ' 也在 Ω 中，则 Ω 在前缀（*prefix*）下是封闭的；后缀（*suffix*）下的闭包的定义类似。Ω 对于任意 τ_1，$\tau_2 \in \Omega$ 与 $\tau_1.\text{lstate} = \tau_2.\text{fstate}$，有 $\tau_1 \cap \tau_2 \in \Omega$。

4.2.3 混杂自动机

下面给出混杂自动机的定义。

定义 4-1 混杂自动机 $\mathcal{A}$ 是一个元组 $(V, \Theta, A, D, \Omega)$，其中

1）V 是变量集合，称为状态变量，V 的赋值集合 $\text{val}(V)$ 是状态集合。

2）$\Theta \subseteq \text{val}(V)$ 是初始状态的非空集合。

3）A 是动作（**actions**）或转移标签的集合。

4）$D \subseteq \text{val}(V) \times A \times \text{val}(V)$，称为转移（**transitions**）的集合。

5）Ω 是 V 中变量的轨迹（**trajectories**）集合，它在前缀、后缀和连接下封闭。

该定义对混杂自动机进行了简化，如它并没有规定轨迹集 Ω 由常微分方程定义。然而，就像在无缘轮中一样，通常情况下 Ω 由常微分方程来定义。

对于离散自动机（见第 2 章），初始状态集 Θ 是通过初始化状态变量或在 V 上写一个谓词来指定的。动作 $a \in A$ 对于标记转移是有用的，而当 A 在上下文中是清晰的，转移 $(\boldsymbol{v}, a, \boldsymbol{v}') \in D$ 可写成 $\boldsymbol{v} \xrightarrow{a}_{A} \boldsymbol{v}'$ 或 $\boldsymbol{v} \xrightarrow{a} \boldsymbol{v}'$。对于无缘轮，当且仅当 $\boldsymbol{v}$ 和 $\boldsymbol{v}'$ 满足式（4-1）时，$\boldsymbol{v} \xrightarrow{impact} \boldsymbol{v}'$。如果 $\boldsymbol{v} \xrightarrow{a} \boldsymbol{v}'$，可以说动作 a 在状态 $\boldsymbol{v}$ 下是启用的。启用 a 的状态集合用 $enabled(a)$ 表示，这也是满足规范动作 a 的前提条件（preconditions）的状态集。如 4.2.2 节所述，轨迹集 Ω 由式（4-2）~式（4-5）定义。请注意，像 θ 和 ω 这样的连续变量可能会因为离散转移而改变值。

当必须在相同的上下文中讨论多个自动机时，可以将混杂自动机 $\mathcal{A}$ 的各组成部分记作 $V_{\mathcal{A}}$、$\Theta_{\mathcal{A}}$、$A_{\mathcal{A}}$、$D_{\mathcal{A}}$ 和 $\Omega_{\mathcal{A}}$ 等。

4.2.4 混杂建模步骤

创建信息物理系统的模型涉及如下一些选择：在模型中包含哪些量，忽略哪些量；使用什么变量类型；哪些变化是快速的，并被建模为瞬时转移（而不是轨迹）；系统应该被表示为一个单独的自动机，还是由多个部分组成。这些选择没有统一的解决方案，但是在这里给出一般性步骤：

1）确定系统的自动机组成（第 5 章将讨论自动机组成）。

2）对于每个组件，确定状态变量、类型和依赖项。

3）决定哪些变量变化将被建模为转移（快速），哪些作为轨迹（缓慢）。

4）确定轨迹的模态并写出相应的微分方程，为每个模态编写演化子句和任何必要的模态不变量。

5）识别并编写导致模态转移和离散变量更新的操作。

6）写出定义离散过渡的前提条件和效果。

7）对于每个模态，添加模态不变量和停止条件，以确保轨迹和转移正确交互。

4.3　典型类型混杂自动机

4.3.1　确定性混杂自动机

一个确定性混杂自动机 $\mathcal{A}$，它的 Θ 是一个单元素集，并且对于每个状态 $\boldsymbol{v} \in \mathrm{val}(V)$，最多有以下一种可能：

1）存在一个动作 $a \in A$ 和一个状态 $\boldsymbol{v}' \in \mathrm{val}(V)$ 使得 $\boldsymbol{v} \xrightarrow{a} \boldsymbol{v}'$。

2）存在一个持续时间为 $\tau.\mathrm{fstate} = \boldsymbol{v}$ 的非零轨迹 $\tau \in \Omega$。

因此，在确定性混杂自动机中，所有的转移都必然是紧急的。由此可见，无缘轮是确定性的。

对于不确定的混杂自动机，称为不确定混杂自动机。处于给定状态的不确定混杂自动机，可能存在多个启用的动作、同一动作的多个后状态以及多个持续时间非零的轨迹。特别是，可能会忽略已启用的操作并允许时间流逝，例如，如果在无缘轮中去掉模态不变量 $\theta \leqslant \beta/2$，那么启用的冲击转移可能会被忽略。

4.3.2　切换系统

切换系统建模框架是描述信息物理系统的另一种形式，它通过用一组常微分方程(每个模态一个)和定义操作模态的分段恒定切换信号来描述系统，从而推导出常微分方程。

n 维切换系统由有限个数的模态 $p \in \mathbb{N}$，n 维常微分方程的集合：

$$\dot{x} = f_i(\boldsymbol{x}), i \in [p] \tag{4-6}$$

和一个分段常数切换信号 $\sigma: R_{\geqslant 0} \to [p]$ 组成。符号 $\dot{x}$ 表示 x 对时间的导数(见第 3.1.2 节)，σ 中的不连续点称为切换时间，整个系统的演化由以下时变常微分方程给出：

$$\dot{x} = f_{\sigma(t)}(\boldsymbol{x}). \tag{4-7}$$

一个切换系统模型可以看作是一个混杂自动机，其中切换信号定义了转移。如下程序所述，SwitchedSys 混杂自动机展示了一个通用的切换系统。参数 p 为模态数；对于每个 $i \in [p]$，函数 $f(i, \cdot)$ 定义为模态 i 的常微分方程的右侧；σ 是一个(可能是无限的)序列对，它定义了切换时间。也就是说，$\sigma(i) = (t, j)$ 意味着第 i 次切换必须发生在 t 时刻，并且信号切换到模态 j。

SwitchedSys 混杂自动机有一个单一的参数化动作 switch(j)，它代表模态 j 的转移。它有四个变量：$\boldsymbol{x}$ 是 n 维实值状态向量，*loc* 是模态，*now* 是定时器，*index* 计算模态切换的次数。假设 σ 序列中的第 k 对为(t, j)，则可以在 *now* $= t$ 时执行 switch(j)，并且由于此切换，*loc* 被设置为 j，*index* 增加。当 *loc* $= i$ 时，x 的轨迹由式(4-6)定义，即状态 x 根据微分方程演变，计时器单位时间增长 1，与实时相同。最后，模态不变量防止现在超过下一个切换时间，从而确保在启用时确实会发生下一次切换。

SwitchedSys 混杂自动机程序如下：

```
automaton SwitchedSys(p:Nat, f:[p]×Real[n]→Real[n],σ:Seq[<Real,
[p]>])
  actions
    switch(j:[p])
  variables
    x:Real[n],loc:[p],now:Real:=0,index:Nat:=0
  transitions
    switch(j:[p])
    pre σ(index)=<now,j>∧loc≠j
    eff loc:=j
      index:=index+1
  trajectories
    mode(i)
    evolve
      d(now)=1,d(x)=f(i,x)
    invariant loc=i∧now≤σ(index)[1]
```


4.3.3 线性混杂自动机

不失一般性，将混杂自动机的离散状态限制为单个离散变量，一个简单的混杂自动机是一个具有一个可计数类型的离散变量和一组实值连续变量的混杂自动机。

定义 4-2 一个简单的混杂自动机 $\mathcal{A}$ 记作 HA$\langle V,\Theta,A,D,\Omega\rangle$，其中 $V=loc\cup X$，loc 是单独的离散变量 type(loc)$=L$，并且对于每个 $x\in X$，type(x)$=\mathbb{R}$。L 的元素称为位置(也称为模态或控制状态)。如果离散变量 loc 的值发生变化(即 $\boldsymbol{v}\lceil loc\neq\boldsymbol{v}'\lceil loc$)，则 $\boldsymbol{v}\xrightarrow{a}\boldsymbol{v}'$称为模态切换。

线性混杂自动机是一种简单的混杂自动机，它满足：

1）所有的轨迹都是 V 上线性微分方程的解，见式(3-15)。

2）所有的前提条件和初始状态集合都是 V 上的线性谓词。

3）所有效应都是 V 的线性函数。

无缘轮混杂自动机 RimlessWheel 是一个非线性混杂自动机，尽管其初始集、前提条件、效应和模态不变量都是线性的。线性混杂自动机模型很重要，因为它可以用来模拟丰富的现实系统，并且适合算法分析，因为它继承了线性常微分方程(见第 3 章定理 3.2 等)和线性实数运算的一些很好的性质。为了便于深入理解线性混杂自动机，下面给出一个示例。

示例 4-1 混杂自动机 Thermostat 显示了一个简单的恒温加热器系统的线性混杂自动机模型。该自动机有两个动作，分别是打开和关闭加热器；还有两个变量，温度 x 和加热器状态 loc。当加热器关闭时，即 $loc=off$，温度下降由线性常微分方程 $\dot{x}=-Kx$ 建模，其中 K 是房屋的热损失系数。当加热器打开时，即 $loc=on$，温度升高由线性常微分方程 $\dot{x}=K(h-x)$ 建模，其中 h 是与炉的热输出有关的常数。

在恒温加热器系统的线性 Thermostat 混杂自动机中，turnOn 的不变量 $loc=on \wedge x\leqslant u$ 与 turnOff 的保持点 $loc=on$，$x=u$ 的交集是一个单点 $loc=off$，$x=u$，这确保了 turnOff 一旦被激活就会立即发生。对于 turnOn，亦是如此。因此，温控器系统是确定的。如果不变量放宽到 $loc=on \wedge x\leqslant u+c(c>0)$，turnOff 在执行过程中延迟到 $x=u+c$ 才发生，则自动机是不确定的。

Thermostat 混杂自动机程序如下：

```
automaton Thermostat(u,l,K,h:Real)(u>l)
  type  Status enumeration [on,off]
  actions
    turnOn;turnOff
  variables
    x:Real:=1,loc:Status:=on
  transitions
    turnOn
    pre x≤l∧loc=off
    eff loc:=on
    turnOff
    pre x≥u∧loc=on
    eff loc:=off
  trajectories
    modeOn
    evolve
      d(x)=K(h-x)
  invariant loc=on∧x≤u
  modeOff
  evolve
    d(x)=-Kx
  invariant loc=off∧x≥l
```

只有少数模态(如 Thermostat)的混杂自动机可以通过图形表达，如图 4-2 所示。每个模态表示为一个节点，连边表示可能的模态切换。顶点用相应的微分方程和模态不变量标记，连边由保持或重置标记。

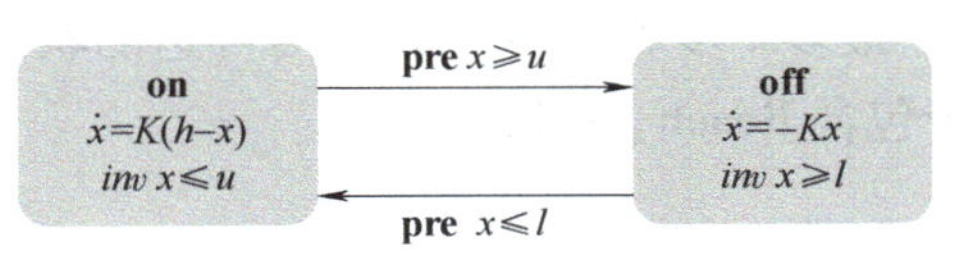

图 4-2　温控器混杂自动机图形表示

4.3.4　矩形混杂自动机

一个矩形子集或 $\mathbb{R}^n$ 中的矩形在(可能是开的)区间上是一个笛卡尔积，实值变量 x 的矩形包含关系可以表示为

$$l_m \leqslant \mathrm{d}(x) \leqslant u_m \tag{4-8}$$

式中，常数 l_m，$u_m \in \mathbb{R} \cup \{-\infty, \infty\}$。轨迹 $\tau:[0,T] \rightarrow \mathrm{val}(x)$ 满足微分包含式(4-8)，当且仅当在时间 $t \in \tau.\mathrm{dom}$ 的每一点，有 $\mathrm{d}((\tau \downarrow x)(t)) \in [l_m, u_m]$。

矩形混杂自动机(Rectangular Hybrid Automaton，RHA)是一种简单混杂自动机，其中：

1）每个连续变量 x 在每个模态 m 中的演化由微分包含表示。

2）前提条件和初始状态集合为矩形。

3）效果要么是恒等映射，要么是对矩形的赋值。

矩形混杂自动机可以模拟随时间单调增长或收缩的物理量，如恒定流量下的流体累计、恒定速度下的运动和漂移范围受限的时钟。

时间自动机是一个矩形混杂自动机，其中所有的连续变量都是计时器。也就是说，连续变量 x 在模态 m 中的演化为 $\mathrm{d}(x)=1$，或者 $\mathrm{d}(x)=0$。所有的前提条件和初始状态集都是有理数端点的矩形，并且所有的效果要么将变量重置为 0，要么保持不变。因此，时间自动机模型可以用来表示使用定时的实时协议。

4.4 语义：混杂执行

混杂自动机 $\mathcal{A}$ 的一个执行片段描述了一个特定的行为或运行，形式上，一个执行片段是一个可能无限的动作和轨迹交替序列 $\alpha=\tau_0 a_1 \tau_1 a_2 \cdots$，其中每个 τ_i 都是 $T_{\mathcal{A}}$ 中的一个轨迹。如果 τ_i 不是序列中的最后一个轨迹，则 $\tau_i.\mathrm{lstate} \xrightarrow{a_{i+1}} \tau_{i+1}.\mathrm{fstate}$。轨迹体现了变量值随时间的连续变化，而转移体现了状态的瞬时变化。如果一个执行片段从 Θ 中的一个起始状态开始，即 $\tau_0.\mathrm{fstate} \in \Theta_{\mathcal{A}}$，则该执行片段是一个执行。从 Θ 出发的所有执行片段和所有执行的集合分别记为 $\mathrm{Frags}_{\mathcal{A}}$ 和 $\mathrm{Execs}_{\mathcal{A}}(\Theta)$，执行片段 α 的第一个状态是 $\alpha.\mathrm{fstate} \triangleq \tau_0.\mathrm{fstate}$。

如果一个执行片段是一个有限序列，则称它是有限的；否则，称它是无限的。如果一个执行片段是有限的，并且最后一个轨迹 τ_n 是右闭的，则它是封闭的，封闭执行 $\alpha=\tau_0 a_1 \tau_1 a_2 \cdots \tau_n$ 的最后一个状态是 $\alpha.\mathrm{lstate}=\tau_n.\mathrm{lstate}$。封闭执行且经过有限次数的离散转移在有限时间内结束，因此可以定义这样的执行片段的限制时间或持续时间为 $\alpha.\mathrm{ltime}=\sum_{i=0}^{n} \tau_i.\mathrm{ltime}$。

定义 4-3 如果状态值 $\boldsymbol{v} \in \mathrm{val}(V)$ 是混杂自动机 $\mathcal{A}$ 某个执行的最后状态，则该状态是可达的。从 Θ 可达的所有状态的集合记为 $\mathrm{Reach}_{\mathcal{A}}(\Theta)$，若初始集在上下文中是清晰的，则简写为 $\mathrm{Reach}_{\mathcal{A}}$。从 Θ 出发，在最多 k 步和最多 T 时间内可达的状态集记为 $\mathrm{Reach}_{\mathcal{A}}(\Theta, T, k)$。$\mathcal{A}$ 的一个不变量集 S 是一个包含 $\mathrm{Reach}_{\mathcal{A}}$ 的状态集。

4.4.1 混杂执行的数值仿真

通过以下过程可以计算给定时间上限 $T>0$ 内混杂自动机 $\mathcal{A}$ 的混杂仿真：

1）选择一个采样周期 $\delta>0$ 和一个初始状态 $\boldsymbol{v}_0 \in \Theta$，假设 $\boldsymbol{v}_0$ 对应的模态是 ℓ_0。

2）通过求解与 ℓ_0 对应的常微分方程，计算从 $\boldsymbol{v}_0$ 开始的轨迹 $\tau_0:[0,\delta] \rightarrow \mathrm{val}(V)$ 的数值解 $\hat{\tau}$。

3）如果对于任意时间 t，$\hat{\tau}(t)$满足模态不变，则进入步骤 4）；否则，减小 δ 并找到前缀 τ，使其完全满足模态不变。

4）如果对于任意时间 t，$\hat{\tau}(t)$满足某个行为 $a \in A$ 的前提条件(保护)，则在 t 处存在一个可能的转移。从 a 到 $\hat{\tau}(t)$的重置函数得到的状态集(可能是单态)中选择一个新的状态值 $\boldsymbol{v}$。

5）使用 $\boldsymbol{v}$ 替换 $\boldsymbol{v}_0$，重复步骤 2)至 4)，直到总仿真时间超过 T。

以无缘轮为例，图 4-3 展示了具有六个辐条($n=6$)的无缘轮执行片段，实线表示枢轴辐条的角度 θ 及其角速度 ω 的变化，虚线表示由于转移带来的瞬间状态改变。离散转移打断了连续演化的轨迹，导致角度 θ 和角速度 ω 发生瞬时变化。

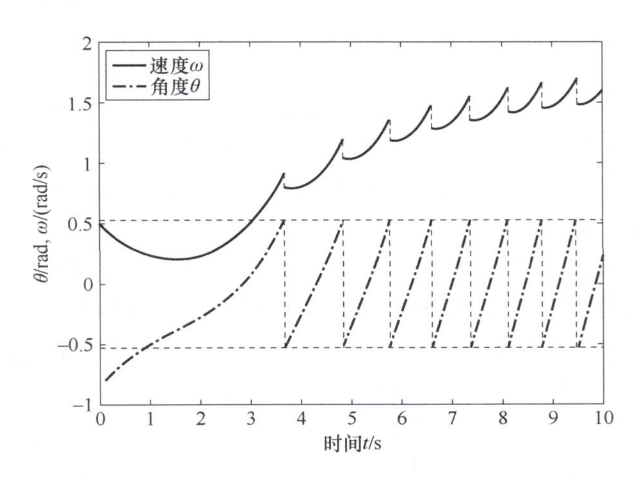

图 4-3　具有六根辐条的无缘轮执行片段

一般来说，生成混杂仿真可能会很麻烦。正如第 3.8 节所讨论的那样，生成轨迹 τ 的精确近似 $\hat{\tau}$ 是一项具有挑战性的工作。无论精度如何，通常很难执行步骤 3)和 4)中的检查。在轨迹 τ 与定义模态不变量(保护条件)的超平面 I 几乎相切的情况下，可能无法判断 τ 是否接触了 I。因此，在检测模态切换时可能存在误报和漏报，这就是所谓的“模态切换检测问题”。

此外，可能无法区分在某一点与保护 G 相切的轨迹与另一个任意接近但不满足 G 的轨迹。最后，在保护条件被启用但不紧急的情况下，步骤 4)必须解决非确定性，并在(可能是无限的)可能性集中选择下一个转移的时间。滑模现象，即轨迹几乎接触到保护条件(或不变量)的边界，是这种不确定性的一种特殊情况。

在无缘轮中没有这些复杂情况，因为每条轨迹在特定时间与保护超平面 $\theta \geqslant \beta/2$ 相交，并且进行了相应的转移，角度重置为$-\beta/2$。更详细地讲，在 $t=3.75$s 时有一个离散的状态转移 $\boldsymbol{v} \xrightarrow{\text{impact}} \boldsymbol{v}'$，它将角度从 $\boldsymbol{v}\lceil\theta=0.523$rad 重置为 $\boldsymbol{v}'\lceil\theta=0.523$rad。

4.4.2　可达状态、不变量以及稳定性

由于瞬时变化，谈论系统在 $t=3.75$s 时的状态，或者在任何发生转移的时间点的状态是无意义的。相反，谈论转移的前状态 $\boldsymbol{v}$ 和后状态 $\boldsymbol{v}'$更有意义。但是，为方便起见，通常

会提到在执行过程中某一时间点的“系统状态”。因此，定义记号 $\alpha(t) \triangleq \alpha'.\mathrm{lstate}$，其中 α'是 α 的最长前缀，且 $\alpha'.\mathrm{ltime}=t$。也就是说，$\alpha(0.523)$将对应于 $\theta=-0.523\mathrm{rad}$ 的转移后状态。

回忆一下，对于状态或赋值 $\boldsymbol{v} \in \mathrm{val}(V)$，2-范数$\|\boldsymbol{v}\|$表示 $\boldsymbol{v}$ 在实值连续变量上的范数。拓展一下，$\|\alpha(t)\|$表示在时间 t 和执行 α 上的实值变量 V 的赋值的2-范数。因此第3章中的定义3-5可以被引用到混杂自动机的执行片段中，以定义李雅普诺夫稳定性、渐近稳定性和指数稳定性。

定义 4-4 一个混杂自动机是全局一致渐近稳定的，如果对于任意 $\varepsilon>0$ 和任意初始状态 $\boldsymbol{v}_0$，存在一个时间 $T_{\varepsilon,\boldsymbol{v}_0}$，使得对于从 $\boldsymbol{v}_0$ 开始的任意执行片段 α，对于所有 $t \geqslant T_{\varepsilon,\boldsymbol{v}_0}$，都有 $\|\alpha(t)\| \leqslant \varepsilon$。

考虑两个关于稳定性的问题。第一个问题：假设一个简单混杂自动机的每个独立模态都是渐近稳定的，这是否必然意味着整个混杂自动机也是稳定的？如果这个说法成立，那么混杂自动机的稳定性验证将简化为常微分方程的稳定性验证，而近几个世纪以来发展出来的技术将足以分析这种信息物理系统。图4-5的反例表明该说法是错误的，因此对于混杂自动机的稳定性验证需要新技术。

图4-4a展示的混杂自动机具有两个变量(x 和 y)，以及两个模态(mode 0 和 mode 1)。如果分别观察每个模态的动力学，可以看到每个模态都是一个线性时不变系统，利用定理3-4，可以很容易地检查每个模态都是渐近稳定的。尽管两个单独模态的轨迹渐近收敛到原点，但它们的形状不同，如图4-4b所示的两种不同阴影，其中模态0为灰色，模态1为黑色。混杂自动机在两个LTI(线性时不变)子系统之间切换。具体而言，转移和不变量确保了在第一和第三象限($xy \geqslant 0$)中遵循 mode 0 的动力学，而在第二和第四象限($xy<0$)中遵循 mode 1 的动力学。执行结果发散到无穷大，如图4-5a所示。

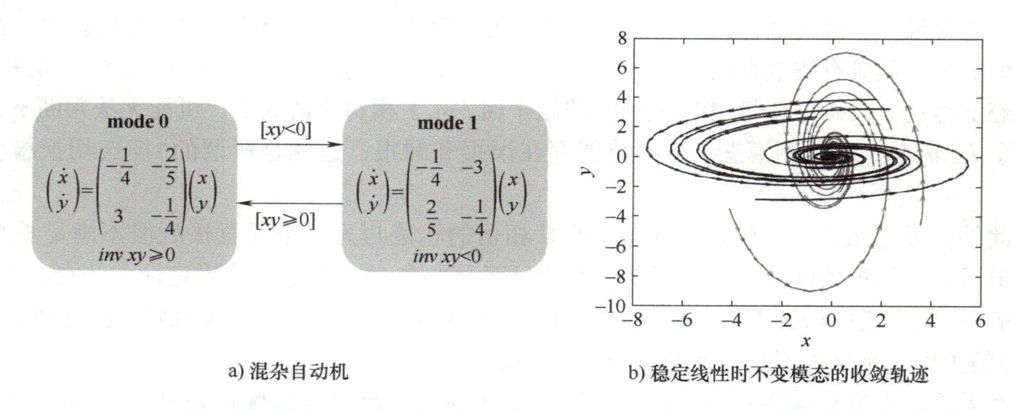

图 4-4 一个具有两个稳定模态的线性时不变混杂自动机及其各个模态的轨迹

第二个问题：对于相同的稳定线性时不变子系统，是否可以通过改变转移(和不变量)使最终的混杂自动机稳定？需要指出，这个说法确实可以成立。例如，通过切换模态活跃的象限，可以使得生成的混杂自动机渐近稳定，如图4-5b所示。总之，可以看到，关于与混杂自动机稳定性相关的问题提出了有趣的挑战，它们不能完全归结为对子系统(或模态)的分析。

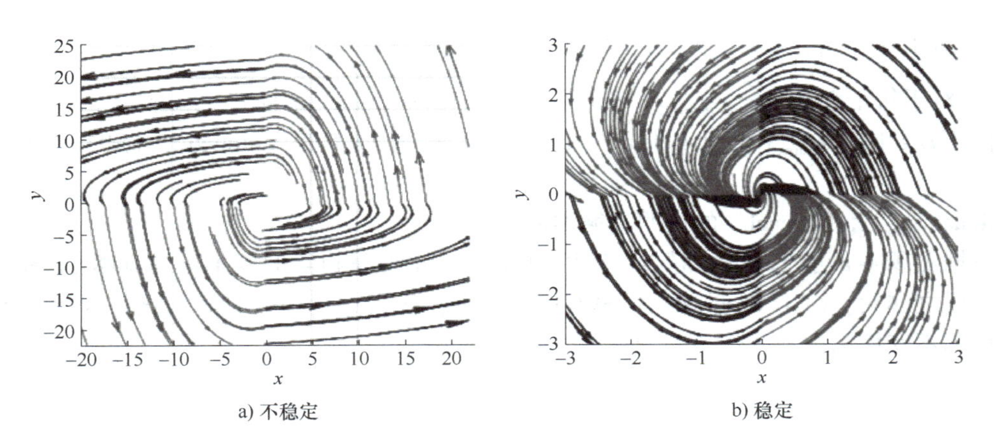

图 4-5　混杂自动机的执行

4.4.3　时间抽象语义

给定一个混杂自动机 $\mathcal{A}$，可以定义一个无限状态的离散自动机（见第 2 章），该自动机与 $\mathcal{A}$ 的执行相对应。这样的离散自动机称为时间抽象自动机，记为 Untimed$(\mathcal{A})$。Untimed$(\mathcal{A})$有一个新动作 ε，它不是 $\mathcal{A}$ 的动作。Untimed$(\mathcal{A})$的转移包括 $\mathcal{A}$ 的所有标记为动作集 A 中动作的转移，以及带有 ε 标记的新转移，这些转移将每个轨迹 τ 的 τ. fstate 转移为 τ. lstate。

定义 4-5　给定一个混杂自动机 $\mathcal{A}=\langle V,\Theta,A,D,T\rangle$，定义相应的时间抽象自动机，记为 Untimed$(\mathcal{A})$，作为离散自动机 Untimed$(\mathcal{A})=\langle V',\Theta',A',D'\rangle$，式中

1）$V'=V$。

2）$\Theta'=\Theta$。

3）$A'=A\cup\{\varepsilon\}$，$\varepsilon\notin A$。

4）对于任意 $\boldsymbol{v}$，$\boldsymbol{v}'\in\mathrm{val}(V')$ 和 $a\in A'$，当且仅当以下条件成立时，$\boldsymbol{v}\xrightarrow{a}_{\mathrm{Untimed}(\mathcal{A})}\boldsymbol{v}'$：

① $a\neq\varepsilon$ 且 $\boldsymbol{v}\xrightarrow{a}_{\mathcal{A}}\boldsymbol{v}'$。

② $a=\varepsilon$ 且 $\exists\tau\in T$，使得 $\boldsymbol{v}=\tau$. fstate 且 $\boldsymbol{v}'=\tau$. lstate。

换句话说，自动机 $\mathcal{A}$ 中动作 a 标记的转移将统一用 Untimed$(\mathcal{A})$中的转移来表示，并且 $\mathcal{A}$ 的轨迹将通过 Untimed$(\mathcal{A})$中的 ε-转移捕获。以下命题将更加精确地建立这两个自动机之间的对应关系。

命题 4-1　对于任意混杂自动机 $\mathcal{A}$，$\mathrm{Reach}_{\mathcal{A}}=\mathrm{Reach}_{\mathrm{Untimed}(\mathcal{A})}$。

证明： 首先，证明 $\mathrm{Reach}_{\mathcal{A}}=\mathrm{Reach}_{\mathrm{Untimed}(\mathcal{A})}$。考虑任何一个可达状态 $\boldsymbol{v}\in\mathrm{Reach}_{\mathcal{A}}$。根据可达性的定义，在 $\mathrm{Execs}_{\mathcal{A}}$ 中存在一个有限的执行路径 $\alpha=\tau_0$，a_1，τ_1，a_2，…，a_n，τ_n，使得 τ_n. lstate$=\boldsymbol{v}$。从 α 开始，递归构造一个新序列为

$$\beta=\boldsymbol{v}_0,\varepsilon,\boldsymbol{v}_0',a_1,\boldsymbol{v}_1,\varepsilon,\boldsymbol{v}_1',a_2,\cdots,\varepsilon,\boldsymbol{v}_n,\varepsilon,\boldsymbol{v}_n'$$

式中，$\boldsymbol{v}_i=\tau_i$. fstate 且 $\boldsymbol{v}_i'=\tau_i$. lstate。其中 $\beta\in\mathrm{Execs}_{\mathrm{Untimed}(\mathcal{A})}$，这可由离散自动机 Untimed$(\mathcal{A})$的定义推出：

1）$\boldsymbol{v}_0=\tau_0$. fstate $\in\Theta_{\mathcal{A}}=\Theta_{\mathrm{Untimed}(\mathcal{A})}$。

2）对于每个 a_i，$v'_{i-1}\xrightarrow{a_i}_{\mathcal{A}}v_i$，因此 $v'_{i-1}\xrightarrow{a_i}_{\text{Untimed}(\mathcal{A})}v_i$。

3）对于每个 i，$v_i\xrightarrow{\varepsilon}_{\text{Untimed}(\mathcal{A})}v'_i$，存在 τ_i 使得 $v_i=\tau_i.\text{fstate}$ 且 $v'_i=\tau_i.\text{lstate}$。

由于 $\beta\in \text{Execs}_{\text{Untimed}(\mathcal{A})}$ 且 $\beta.\text{lstate}=\tau_n.\text{lstate}=v$，所以 v 是 Untimed（$\mathcal{A}$）的一个可到达状态。

$\text{Reach}_{\text{Untimed}(\mathcal{A})}\subseteq\text{Reach}_{\mathcal{A}}$ 的证明遵循类似的论证。

根据命题 4-1 可以得出，混杂自动机 $\mathcal{A}$ 的一个不变量也是时间抽象自动机 $\mathcal{A}$ 的一个不变量，反之亦然。由于 Untimed($\mathcal{A}$)没有保留状态在执行过程中的时间信息，因此有界时间可达性和不变性属性不会传递到 $\mathcal{A}$。

4.4.4 执行路径

转移和轨迹的交替会产生一些在纯离散和纯动态模型中不存在的执行，回想一下，如果一个执行 $\alpha=\tau_0a_1\tau_1a_2\cdots$是有限序列，那么它是有限的。如果有限序列中每个轨迹 τ_i 的持续时间 $\tau_i.\text{time}<\infty$，则它是封闭的；不封闭的执行是开放的。

开放的执行可以是有限的或无限的。一个有限的执行是开放的，当且仅当最终的轨迹是开放的，即 $\tau.\text{dom}$ 是有界开区间$[0,T)$或无界开区间$[0,\infty)$。一个无限的执行总是开放的，允许时间发散($\alpha.\text{ltime}=\infty$)的执行是可接受的。既非有限也非可接受的执行称为芝诺执行，以哲学家 Zeno 命名，他在一个著名的关于运动的悖论中证明了阿基里斯是如何在赛跑中被一只乌龟打败的。

系统模型阻止时间的前进是不自然的，为使得模型非阻塞，每个执行都应为某个可接受执行的前缀。可接受的执行可以是有限的，也可以是无限的。在前者情况下，有限数量的转移后会跟着一个开放的无界轨迹。在后者情况下，有无限多封闭轨迹和中间转移，累加起来形成了无限的时间。如果每个执行都是某些可接受执行的前缀，那么混杂自动机是可接受的。

可接受性可能会以多种方式受到损害。当描述系统动力学的常微分方程在某一点无解时，就会出现有限且不可接受的执行。此外，即使存在解，也可能在某个点后不满足模态不变量。当一个动作在其后继状态中保持可接受状态时，会导致在 0 时间内发生无限多次转移，从而产生无限且不可接受的芝诺执行。更有趣的芝诺执行是 $\tau_0.\text{ltime}=1$ 且 $\tau_{i+1}.\text{ltime}=\frac{1}{2}\tau_i.\text{ltime}$，并且执行的持续时间为 2 的情况。一般来说，很难自动检查给定的混杂自动机是否可接受。

4.5 应用案例

1. 航天器交会

航天器利用软件能够自主完成交会、组装和维护。考虑这样一个场景：轨道上有两个航天器，一个主动(active)航天器从初始轨道出发，然后沿中间转移轨道移动，与另一个不同轨道的被动(passive)或目标航天器交会。如图 4-6 所示为主动航天器的初始轨道(黑色实线)、转移轨道(虚线)和被动航天器轨道(灰色实线)。

地球轨道上物体的运动遵循开普勒定律。假设两个航天器被限制在同一个轨道平面上，从而产生二维平面运动。为了改变轨道，航天器以特定的配置点燃推进器，并在精确计算的时间内持续工作。在这个模型中，假设这个推力持续时间是瞬时的，轨道的变化是通过转换实现的。

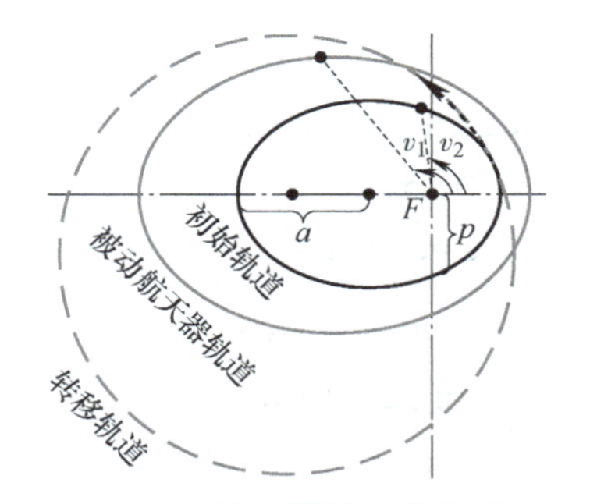

图 4-6　航天器的交会轨道

SpaceRndz 模型由开普勒定律推导而来，卫星动力学由以下非线性常微分方程给出：

$$\dot{v}=\sqrt{\frac{\mu}{p^3}}(1+ec\cos v)^2 \qquad (4\text{-}9)$$

式中，v 为卫星在轨道上相对于近地点的位置角度；ec 为轨道的离心率；参数 $p=a(1-ec^2)$ 为半通径，a 为轨道的半长轴；μ 为地心引力参数。活动卫星利用推进器跳跃到新的轨道。燃烧的时间与轨道飞行时间相比很短，因此，燃烧被建模为离散转换，它瞬间改变轨道参数 v、p 和 ec。

在 SpaceRndz 混杂自动机中，两个卫星的轨道运动分别通过状态变量 (v_1,p_1,ec_1) 和 (v_2,p_2,ec_2) 来表示。保护条件 G_1 和 G_2 定义了基于相对角位置的条件，用于启动两次轨道转移的燃烧的过程，函数 R_1 和 R_2 定义了燃烧后轨道参数的重新初始化。在所有轨道中，卫星的运动都遵循式(4-9)。

因此，为简化模型，可以使用一个单独的轨道模态来表示。当且仅当对于任何 $t\in\tau.\mathrm{dom}$，如果 $\tau(t)\in P$，则 $t=\tau.\mathrm{ltime}$。也就是说，在任何时刻 t，如果 τ 满足 P，那么 t 必须是 τ 的最后时刻。在 SpaceRndz 混杂自动机中，停止(**stop when**)条件意味着当主动卫星处于初始轨道且满足 G_1，或处于转移轨道且满足 G_2 时，轨迹必须停止(并且相应的燃烧转换必须发生)。

SpaceRndz 混杂自动机程序如下：

```
automaton SpaceRndz(G1,G2⊆Real[2],R1,R2:Real→Real)
  type Status enumeration [init,transfer,dock]
  actions
    burn1;burn2;
  variables
    loc:Status:=init
    v1,p1,ec1:Real
    v2,p2,ec2:Real
  transitions
    burn1
    pre <v1,v2>∈G1
    eff loc:=transfer
      <v1,p1,ec1>:=R1(v1,p1,ec1)
    burn2
    pre <v1,v2>∈G2
```

```
    eff loc: =dock
      <v1,p1,ec1>: =R2(v1,p1,ec1)
  trajectories
    Orbit
    evolve
      d(v1)=√(μ/p1³)(1+ec1cosv1)²,d(v2)=√(μ/p2³)(1+ec2cosv2)²
    stop when
      (loc=init ∧ <v1,v2>∈G1) ∨ (loc=transfer ∧ <v1,v2>∈G2)
```

2. 弹跳球

考虑一个弹跳球(Bouncing Ball)，当 $t=0$ 时，球从高度 $y(0)=h_0$ 处自由落下，h_0 为初始高度。随后，球在 t_1 时刻以速度 $\dot{y}(t_1)$(m/s)撞击地面。当球击中地面时产生碰撞(Bump)事件。碰撞是非弹性的(这意味着动能损失)，然后球以速度 $-a\dot{y}(t_1)$ 反弹，其中 a 是一个常数，满足 $0<a<1$。最后，球会升到一定高度并反复撞击地面。

弹跳球的行为可以用 BouncingBall 混杂自动机来描述。当它不接触地面时，球遵循二阶微分方程：

$$\ddot{y}(t)=-g \tag{4-10}$$

式中，$g=9.81$ 是重力加速度(m/s^2)。free 模态的连续状态变量为

$$s(t)=\begin{pmatrix} y(t) \\ \dot{y}(t) \end{pmatrix} \tag{4-11}$$

初始条件 $y(0)=h_0$ 和 $\dot{y}(0)=0$。选择合适的函数 f 将式(4-11)改写为一阶微分方程：

$$\dot{s}(t)=f(s(t)). \tag{4-12}$$

BouncingBall 混杂自动机程序如下：

```
automaton BouncingBall(h0,a:Real)(0<a<1)
  type Status enumeration [free,bump]
  actions
    bounce
  variables
    y(0):Real: =h0,ẏ(0):Real: =0
    bstate:Status: =free
  transitions
    bounce
    pre loc=free ∧ y(t)=0
    eff  loc: =bump
  trajectories
    modeFree
    evolve
    ÿ(t)=-g
```

```
invariant loc=free∧y(t)≥0
modeBump
evolve
ẏ(t):=-aẏ(t)
invariant loc=bump∧y(t)<0
```

在时刻 $t=t_1$ 球第一次触地时，满足条件 $y(t)=0$，并且进行自环转换，输出 bump，设置动作 $\dot{y}(t)=-a\dot{y}(t)$，把 $\dot{y}(t)$ 变为 $-a\dot{y}(t)$，然后重复式(4-10)直到条件再次满足。

根据式(4-10)，对于任意 $t\in(0,t_1)$，有

$$\dot{y}(t)=-gt$$

$$y(t)=y(0)+\int_0^t \dot{y}(\tau)\,\mathrm{d}\tau=h_0-\frac{1}{2}gt^2$$

因此，$t_1>0$ 是由 $y(t_1)=0$ 确定的，即

$$h_0-\frac{1}{2}gt_1^2=0$$

从而得 $t_1=\sqrt{2h_0/g}$。

图 4-7 展示了该连续状态随时间的变化。随着时间的增加，两次相邻弹跳的间隔会越来越短。事实上，间隔变得越来越小，以至于在有限的时间内发生无数次足够快的弹跳，也就是芝诺行为。当然，在现实中，球最终会静止，而芝诺行为只是一个人为假设。

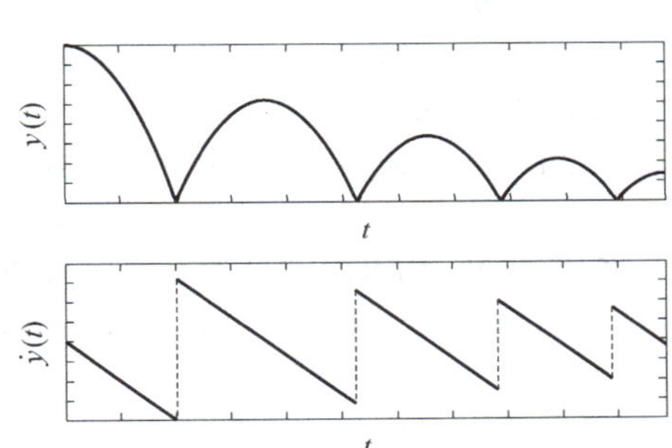

图 4-7　弹跳球位置与速度随时间的变化轨迹

本章小结

在本章中，混杂动态系统模型的连续动态过程选择用微分方程描述，而离散事件动态系统模型则选择用自动机描述。这样的混杂动态系统也称为混杂自动机模型。本章由一个无缘轮的例子导入，给出了混杂系统的描述方式；详细介绍了混杂自动机定义中的几个重要概念，包括状态变量和转移、轨迹和闭包，进一步给出了混杂自动机的定义和建模步骤；分别介绍了几类典型的混杂自动机模型及示例；介绍了混杂执行的数值仿真，并给出了可达状态、不变量及稳定性的定义；最后给出了两个混杂模型的例子。

练习题

4-1　检查 4.2.2 节为无缘轮定义的轨迹集 $\Omega_{\mathrm{RimlessWheel}}$ 在前缀、后缀和连接下是否封闭。

4-2　说明由任何非线性自治常微分方程系统定义的轨迹集 Ω，在前缀、后缀和连接下是封闭的。

4-3　定义 Timed($\mathcal{A}$)为类似于定义 4-5 的离散自动机，但保留轨迹的时间信息。证明对于任意 $k\in\mathbb{N}$，$T\in\mathbb{R}_{\geqslant 0}$，$\mathrm{Reach}_{\mathcal{A}}(\Theta,T,k)=\mathrm{Reach}_{\mathrm{Timed}(\mathcal{A})}(\Theta,2k)$。

4-4 证明无缘轮的每一个执行都是无限执行的前缀。它是芝诺执行吗？换句话说，它是可接受的吗？

参考文献

[1] BYL K, TEDRAKE R. Metastable walking machines[J]. The International Journal of Robotics Research, 2009, 28(8): 1040-1064.

[2] LIBERZON D. Switching in systems and control[M]. Boston: Birkhauser, 2003.

[3] HENZINGER T A. Hybrid automata with finite bisimulations[C]//International Colloquium on Automata, Languages, and Programming. Berlin, Heidelberg: Springer Berlin Heidelberg, 1995: 324-335.

[4] SANFELICE R G. Hybrid feedback control[M]. Princeton: Princeton University Press, 2021.

[5] GOEBEL R, SANFELICE R G, TEEL A R. Hybrid dynamical systems[J]. IEEE control systems magazine, 2009, 29(2): 28-93.

[6] ALUR R, HENZINGER T A, LAFFERRIERE G. Discrete abstractions of hybrid systems[J]. Proceedings of the IEEE, 2000, 88(7): 971-984.

[7] ALUR R. Timed automata[C]//Computer Aided Verification: 11th International Conference, Berlin, Heidelberg: Springer Berlin Heidelberg, 1999: 8-22.

[8] GUPTA V, HENZINGER T A, JAGADEESAN R. Robust timed automata[C]//International Workshop on Hybrid and Real-Time Systems. Berlin, Heidelberg: Springer Berlin Heidelberg, 1997: 331-345.

[9] RAWAT D B, RODRIGUES J J P C, STOJMENOVIC I. Cyber-physical systems: from theory to practice [M]. Boca Raton: CRC Press, 2015.

[10] PALENSKY P, WIDL E, ELSHEIKH A. Simulating cyber-physical energy systems: Challenges, tools and methods[J]. IEEE Transactions on Systems, Man, and Cybernetics: Systems, 2013, 44(3): 318-326.

[11] LIN H, ANTSAKLIS P J. Hybrid dynamical systems: An introduction to control and verification[J]. Foundations and Trends in Systems and Control, 2014, 1(1): 1-172.

[12] BRAVO R R, BARATCHART E, WEST J. Hybrid automata library: A flexible platform for hybrid modeling with real-time visualization[J]. PLoS computational biology, 2020, 16(3): e1007635.

第5章　信息物理系统组合模型

导读

通过接口模型，信息物理系统（CPS）能够实现各组件高效且可靠的集成与操作。标准化的接口模型不仅促进了不同组件间的通信与协作，还推动了模块化设计，增强了组件的可重用性。这使得各部分能够独立开发，并便于后续顺利整合到整体系统中。本章首先介绍时间自动机，并通过具体示例进行阐述。接着，探讨 CPS 接口模型中的模数和数模转换接口与模型，这两个接口是实现物理信号与数字信号之间转换的关键部分。随后，讨论数字通信网络模型及其在 CPS 中的应用，以确保不同组件之间的可靠通信。紧接着，本章展示了数字通信网络估计在 CPS 中的实现模型，旨在通过网络估计提升系统的精度和性能。最后，本章介绍了采样-保持控制的信息物理系统模型，该模型在确保系统稳定性和优化性能方面发挥着至关重要的作用。

本章知识点

- 时间自动机
- 信息物理系统接口
- 数字通信网络
- 采样-保持控制的信息物理系统

5.1　时间自动机

本节引入实值时钟，并深入研究由此引起的时间自动机的可达性问题。由于时间自动机具有不可数的无限状态空间，传统的基于显式状态枚举的广度优先搜索（BFS）方法无法直接应用。然而，一个关键的观察改变了这一困境：时间自动机中许多状态的行为实际上是相同的。具体而言，时间自动机的所有无限多的状态可以被归纳为有限数量的状态区域，每个区域内的所有状态表现出相同的行为。一旦这些区域被确定，就可以将 BFS 策略应用于由此生成的有限自动机，即区域自动机。这种针对时间自动机的算法分析方法是由 Alur 和 Dill 在 1994 年提出的，他们通过将行为相似的状态聚集到区域中来简化分析。该策略不仅适用于时间自动机模型的可达性分析，而且在更广泛的自动机分析领域中也具有应用前景。

5.1.1 时间自动机语法

回顾一下，时钟变量(或简称为时钟)是一个实值变量 x，其动态由特定的规则或方程来描述，如由 $d(x)=1$ 描述。也就是说，沿着时钟变量 x 的任意轨迹 τ，对于任意时间点 $t \in \tau.\mathrm{dom}$，时钟满足 $\tau(t)=\tau(0)+t$。

定义 5-1 对于一组时钟变量 X 来说，积分时钟约束条件是使用以下语法构建的谓词：

$$C::=x\leqslant q \mid x\geqslant q \mid \neg C \mid C_1 \wedge C_2 \tag{5-1}$$

式中，x 是 X 中的时钟变量(s)；q 是整数常数；C、C_1、C_2 是时钟约束表达式。

例如，表达式 $x\leqslant 10 \wedge y\geqslant 6$ 是具有时钟变量 x 和 y 的时钟约束。如果对于每一个时钟变量 $x\in X$，$\boldsymbol{x}\lceil x$ 满足时钟约束 C，那么，X 的估值 $\boldsymbol{x}$ 满足定义在 X 上的时钟约束 C，且记作 $\boldsymbol{x}\vDash C$。更精确地表述为

$$\begin{aligned} \boldsymbol{x}\vDash x\leqslant q &\Leftrightarrow \boldsymbol{x}\lceil x\leqslant q \\ \boldsymbol{x}\vDash x\geqslant q &\Leftrightarrow \boldsymbol{x}\lceil x\geqslant q \\ \boldsymbol{x}\vDash \neg C &\Leftrightarrow \neg(\boldsymbol{x}\vDash C) \\ \boldsymbol{x}\vDash C_1 \cap C_2 &\Leftrightarrow \boldsymbol{x}\vDash C_1 \wedge \boldsymbol{x}\vDash C_2 \end{aligned} \tag{5-2}$$

X 上的时钟约束的语义是根据满足约束的 $val(X)$ 的子集来给出的。对于一个时钟约束 C，$\mathrm{val}(X)$ 中对应的估值集合用 $[[C]]$ 来表示，并定义为 $[[C]]=\{\boldsymbol{x}\in \mathrm{val}(X) \mid \boldsymbol{x}\vDash C\}$。

积分时间自动机(Integral Timed Automaton，ITA)是一种简单的混杂自动机，它只有时钟变量。也就是说，它只有一个有限类型的单一离散变量 loc，所有的连续变量都是时钟。此外，转移监督条件和不变量是由位置上的积分时钟约束和命题断言定义的，重置函数要么将时钟设置为 0，要么保持不变。

定义 5-2 一个积分时间自动机 $\mathcal{A}$ 是一个元组 $\mathcal{A}=\langle V,\Theta,A,\mathcal{D},\mathcal{T}\rangle$，其中：

1) $V=X\cup\{loc\}$ 是一组变量，X 是 n 个时钟变量的集合，且 loc 是一个具有有限类型 L 的单一离散变量；L 中的元素被称为位置(*locations*)。

2) $\Theta\subseteq \mathrm{val}(V)$ 是由 loc 和时钟约束规定的非空状态集合。

3) A 是一个有限的动作集合。

4) $\mathcal{D}\subseteq \mathrm{val}(V)\times A\times \mathrm{val}(V)$ 是一组转换，使得：

① 对于每个 $a\in A$，在 X 上存在一个积分时钟约束 C，使得 $Enabled(a)=[[C]]$。

② 对于任何转换 $\boldsymbol{v}\xrightarrow{a}\boldsymbol{v}'$，$\boldsymbol{v}'\lceil x=0$ 或者 $\boldsymbol{v}'\lceil x=\boldsymbol{v}\lceil x$。

5) $\mathcal{T}$ 是 V 中变量的轨迹集合。对于每个 $x\in X$，轨迹由 $d(x)=1$ 和作为积分时钟约束的模态不变量指定。也就是说，对于每个 $\tau\in\mathcal{T}$，$(\tau\downarrow x)(t)=\tau(0)\lceil x+t$。

积分时间自动机在精确捕捉动态方面的表达能力有限，目前已被用于建模和分析信息物理系统 CPS 的时序方面、基于时钟的网络协议、实时系统、分布式算法以及将动态抽象为事件时序的模型。

5.1.2 定时灯开关案例

Switch 积分时间自动机定义了一个动作感应的电灯开关，如图 5-1 所示，该开关包含两

个时钟变量：x 和 y。位置集合由两个状态组成，$L=\{\text{on},\text{off}\}$。如果根据时钟 y 的测量，开关处于开启状态(即位于 on 位置)超过 10s，并且在此期间没有发生 turnOn 动作，那么必须执行 turnOff 动作。turnOff 动作的目的是关闭开关(即将状态切换为 off)，并将时钟 x 重置为 0。此外，turnOn 动作可能每 2s 发生一次，这是由时钟 x 来测量的。当 turnOn 动作发生时，开关被设置为开启状态(即切换到 on 位置)，并且两个时钟 x 和 y 都被重置为 0。on 和 off 模态(即开关的开启和关闭序列)指定了自动机的运行轨迹。需要注意的是，turnOn 转换不是紧急的(即使满足执行条件，系统也可能选择不立即执行它)。然而，由于 on 和 off 模态的稳定性要求，turnOff 转换是紧急的，一旦条件满足，就必须立即执行。

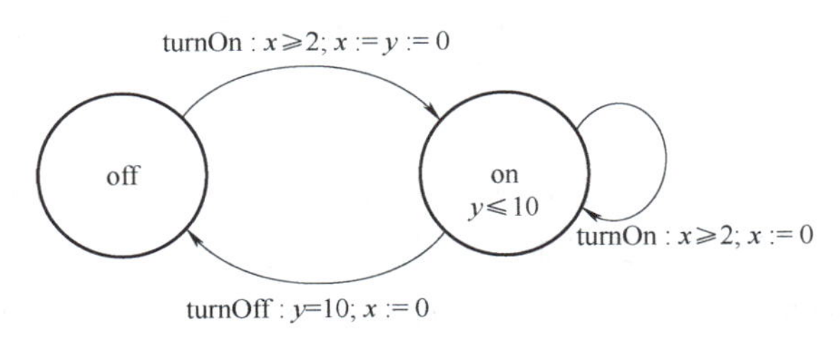

图 5-1　电灯开关自动机的圆圈箭头图

Switch 积分时间自动机程序如下：

```
automaton Switch
  actions
    turnOn,turnOff;

  variables
    x,y:Real:=0;
    loc:{on,off}:=off;

transitions
  internal turnOn
    pre x≥2
    eff y:=0;x:=0;loc:=on;

internal turnOff
    pre y=10∧loc=on
    eff loc=off;x:=0;

trajectories
  onoff
  evolve
      d(x)=1;d(y)=1
  Invariant loc=off∨(loc=on∧y≤10)
```

Switch 积分时间自动机的执行示例如下：

$$\langle \text{off}, x=0, y=0\rangle \xrightarrow{\tau(3.2)} \langle \text{off}, x=3.2, y=3.2\rangle$$

$$\xrightarrow{\text{turnOn}} \langle \text{on}, 0, 0\rangle \xrightarrow{\tau(10)} \langle \text{on}, 10, 10\rangle$$

$$\xrightarrow{\text{turnOff}} \langle \text{off}, 0, 10\rangle \xrightarrow{\tau(2.1)} \langle \text{off}, x=2.1, y=12.1\rangle$$

5.1.3 状态的时钟等效关系

ITA 的一个显著特性是，它能够在保留众多有趣属性的同时，被有限自动机忠实地抽象化。尽管由于时钟变量的存在，ITA 的状态空间在理论上变得不可数且无限大，但研究表明，ITA 的众多状态实际上展现出一致的行为模式。为了精确捕捉并形式化这种“相同行为状态”的概念，引入了时钟等效关系。在此框架上，$\mathrm{int}(\boldsymbol{v}\lceil x)$ 和 $\mathrm{float}(\boldsymbol{v}\lceil x)$ 分别表示在状态 $\boldsymbol{v}$ 下时钟变量 x 的整数和分数部分。这些符号可以明确界定并区分不同状态间的等价性，从而进一步分析 ITA 的行为特性。

定义 5-3 在考虑一个具有变量集合 $V=X\cup\{loc\}$ 的积分时间自动机 $\mathcal{A}$ 时，定义一个时钟等效关系 $R\subseteq\mathrm{val}(V)\times\mathrm{val}(V)$ 为 $\boldsymbol{v}\ R\ \boldsymbol{v}'$，当且仅当：

1）$\boldsymbol{v}\lceil loc=\boldsymbol{v}'\lceil loc$。

2）对于每个时钟 $x\in X$，要么 $\mathrm{int}(\boldsymbol{v}\lceil x)=\mathrm{int}(\boldsymbol{v}'\lceil x)$，要么 $\mathrm{int}(\boldsymbol{v}\lceil x)$ 和 $\mathrm{int}(\boldsymbol{v}'\lceil x)$ 都大于 $c_{\mathcal{A}x}$，其中，$c_{\mathcal{A}x}$ 是在 $\mathcal{A}$ 的规范中出现的时钟约束里与 x 比较的最大整数常数。

3）对于每个属于时钟变量 X 的时钟 x，如果 $\boldsymbol{v}\lceil x\leqslant c_{\mathcal{A}x}$，那么 $\mathrm{float}(\boldsymbol{v}\lceil x)=0$ 当且仅当 $\mathrm{float}(\boldsymbol{v}'\lceil x)=0$。

4）对于任意两个属于 X 的时钟 x 和 y，如果 $\boldsymbol{v}\lceil x\leqslant c_{\mathcal{A}x}$ 且 $\boldsymbol{v}\lceil y\leqslant c_{\mathcal{A}y}$，那么 $\mathrm{float}(\boldsymbol{v}\lceil x)\leqslant\mathrm{float}(\boldsymbol{v}\lceil y)$ 当且仅当 $\mathrm{float}(\boldsymbol{v}'\lceil x)\leqslant\mathrm{float}(\boldsymbol{v}'\lceil y)$。

这一定义的前两部分相当直接，它们奠定了状态等价性的基础：条件 1）表明两个状态被视为等价的首要条件是它们处于 ITA 的同一位置。条件 2）表明对于每个时钟，其整数部分需要与 $\mathcal{A}$ 中重要的最大值（这里用 M 表示）相匹配。这一条件是有意义的，因为如果整数部分不匹配，这些状态可能会满足 ITA 中不同的时钟约束，进而表现出不同的行为模式。此外，由于超出 M 的时钟值对于确定 ITA 的当前行为并无实质性影响，因此将这一条件限制在 M 以下的值是有充分理由的。

接下来的两个条件则进一步细化了状态等价的判定标准，确保即使转换发生的时间略有出入，也能从等价状态出发发生相同的转换序列。条件 3）指出，对于每个时钟，其分数部分要么全为零（表示该时钟正处于整数点），要么全不为零。这一条件确保了时钟的“活跃状态”在等价状态之间保持一致。最后一个条件 4）指出，对于任意一对时钟，它们在等价状态中的分数部分排序必须相同。这意味着，即使各个时钟的分数部分不完全一致，只要它们满足相同的非零状态和排序规则，两个状态 $\boldsymbol{v}$ 和 $\boldsymbol{v}'$ 仍可被视为等价。这一排序条件至关重要，因为它确保了从 $\boldsymbol{v}$ 和 $\boldsymbol{v}'$ 经过时间流逝，时钟 x 和 y 到达下一个整数值的顺序在等价状态之间是相同的，从而保证了转换顺序的一致性。

综上所述，满足上述条件的两个状态在转换和轨迹方面的表现是相同的。这一点在命题 5-1 中得到了详细阐述和证明。这一等价关系的定义不仅简化了 ITA 的分析过程，还为后续的验证和模型检查提供了坚实的理论基础。

命题 5-1 考虑积分时间自动机 $\mathcal{A}$ 中两个等价的状态 $\boldsymbol{v}_1$ 和 $\boldsymbol{v}_2$，使得 $\boldsymbol{v}_1\ R\ \boldsymbol{v}_2$，则有：

1）如果 $\mathcal{A}$ 有一个有效的转换 $\boldsymbol{v}_1\xrightarrow{a}\boldsymbol{v}_1'$，那么存在一个对应的转换 $\boldsymbol{v}_2\xrightarrow{a}\boldsymbol{v}_2'$ 并且 $\boldsymbol{v}_1'\ R\ \boldsymbol{v}_2'$。

2）如果 $\mathcal{A}$ 有一个轨迹 $\tau\in\mathcal{T}$，其初始状态为 $\boldsymbol{v}_1=\tau.\mathrm{fstate}$，那么存在一个对应的轨迹

τ'(可能持续时间不同)，使得 $\boldsymbol{v}_2=\tau'.\text{fstate}$ 并且 $\tau.\text{lstate}\ R\ \tau'.\text{lstate}$。

定理 5-1　考虑积分时间自动机 $\mathcal{A}$ 中两个等价的状态 $\boldsymbol{v}_1$ 和 $\boldsymbol{v}_2$，使得 $\boldsymbol{v}_1\ R\ \boldsymbol{v}_2$，以及一个从初始状态 $\alpha.\text{fstate}=\boldsymbol{v}_1$ 开始的执行片段 α。那么存在一个执行片段 α'，其最终状态为 $\alpha'.\text{fstate}=\boldsymbol{v}_2$，并且 $\alpha.\text{lstate}\ R\ \alpha'.\text{lstate}$。

时钟等价关系定义了状态空间 $val(V)$ 的一个划分，划分成具有不同特征形状的集合。这些等价类被称为时钟区域。对于一个时钟区域 r，对应的 $\mathcal{A}$ 的状态集合用 R 表示。对于一个有两个时钟的自动机，时钟区域是单元素集合(对应于整数时钟估值的点)与轴平行的开区间，对应于时钟的分数部分相等的状态的对角线，以及开三角形。积分时间自动机 Switch 的时钟区域如图 5-2 所示。

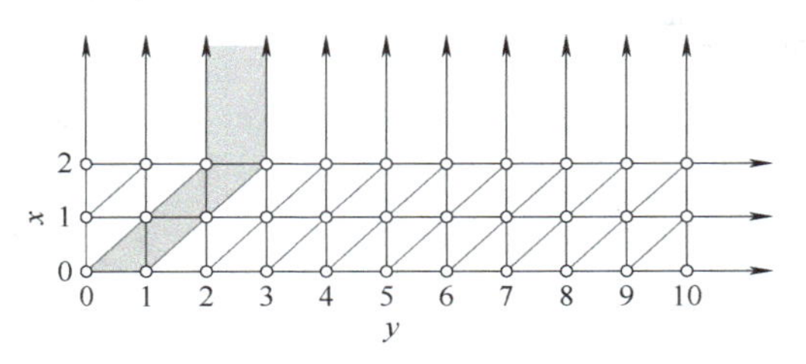

图 5-2　积分时间自动机 Switch 的时钟区域

对于一个时钟区域 r，其时间后继是所有可以从 R 通过允许时间推进到达的时钟区域。在图 5-2 中，连续时间的后续，从开区间时钟区域 $x=0$，$0<y<1$ 开始，用阴影显示。

5.1.4　控制状态可达性和区域自动机

给定一个积分时间自动机 $\mathcal{A}$ 和 A 中的一个位置 ℓ，控制状态可达性(Control State Reachability，CSR)要求确定 ℓ 是否可以在 $\mathcal{A}$ 中被到达。也就是说，CSR 旨在回答 $\ell\in\text{Reach}_{\mathcal{A}}\lceil loc$ 的问题。解决 CSR 问题足以回答使用时钟约束指定的与可达性和安全性相关的问题。

下面通过使用定理 5-1 分两步开发一个解决 CSR 的算法。回想一下，时钟区域定义了 ITA $\mathcal{A}$ 状态空间的一个有限划分。首先，定义一个有限自动机 $R(\mathcal{A})$，其状态就是这些区域。可以看到，区域自动机 $R(\mathcal{A})$ 在 CSR 方面的行为与 $\mathcal{A}$ 完全相同。然后，使用广度优先搜索来解决 $R(\mathcal{A})$ 的可达性问题。

定义 5-4　给定一个积分时间自动机 $\mathcal{A}=\langle(X\cup loc),\Theta,A,\mathcal{D},\mathcal{T}\rangle$，对应的区域自动机是一个有限状态自动机 $R(\mathcal{A})=\langle V',\Theta',A',\mathcal{D}'\rangle$，其中：

1) $V'=\{q,loc'\}$ 是一组状态变量，其中 $\text{type}(q)$ 等于 $\mathcal{A}$ 的时钟区域集合，$\text{type}(loc')=\text{type}(loc)$。单个估值 $\boldsymbol{v}'\in\text{val}(V)$ 对应于单个时钟区域，因此对应于一组满足相应时钟约束的 X 中时钟的估值。声明：

$$[\boldsymbol{v}']:=\{\boldsymbol{v}\in\text{val}(V)\mid \boldsymbol{v}\lceil loc=\boldsymbol{v}'\lceil loc\wedge\forall x\in X,\boldsymbol{v}\lceil x\models\boldsymbol{v}'\lceil=q\}\tag{5-3}$$

2) $\Theta'=\{\boldsymbol{v}'\in\text{val}(V')\mid\exists\boldsymbol{v}\in\Theta,\boldsymbol{v}\in[\boldsymbol{v}']\}$ 对应于满足 Θ 的一组时钟区域。

3) $A'=A\cup\{\tau\}$ 是动作的集合，包括一个名为 $\tau\notin A$ 的特殊动作。

4) $\mathcal{D}'\subseteq\text{val}(V')\times A'\times\text{val}(V')$ 是转移的集合。一个转移 $\boldsymbol{v}_1'\xrightarrow{\alpha'}_{R(\mathcal{A})}\boldsymbol{v}_2'$ 属于 $\mathcal{D}'$ 当且仅当满足以下条件之一：

① $a'\in A$，并且存在 $\boldsymbol{v}_1\in[\boldsymbol{v}_1']$，$\boldsymbol{v}_2\in[\boldsymbol{v}_2']$ 使得 $\boldsymbol{v}_1\xrightarrow{\alpha'}_{A}\boldsymbol{v}_2$。

② $a'=\tau\notin A$，并且时钟区域 $\boldsymbol{v}_2'$ 是 $\boldsymbol{v}_1'$ 的一个时间后继。

图 5-3 展示了一个简单积分时间(SimpleTimer)自动机的区域自动机构建。SimpleTimer 自动机有一个单一的位置 l_1 和一个初始化为 0 的单一时钟 x。2s 后，重置(reset)动作被启

用。当动作发生时，它将时钟重置为 0，因此在接下来的 2s 内禁用该动作。在 SimpleTimer 中，与时钟 x 比较的最大整数值是 $c_{\mathcal{A}x}=2$。区域自动机 R(SimpleTimer)的六个有限状态对应于 SimpleTimer 的时钟区域，分别是 $x=0$，$x\in(0,1)$，$x=1$，$x\in(1,2)$，$x=2$，$x>2$。这些状态在图 5-3b 中显示，相应的区域作为标签。每个状态都有一个到对应其时间后继状态的转移，这些转移用 τ 标记。此外，还有两个转移对应于从状态 $x=2$ 和 $x>2$ 到对应于 $x=0$ 的状态的重置动作。

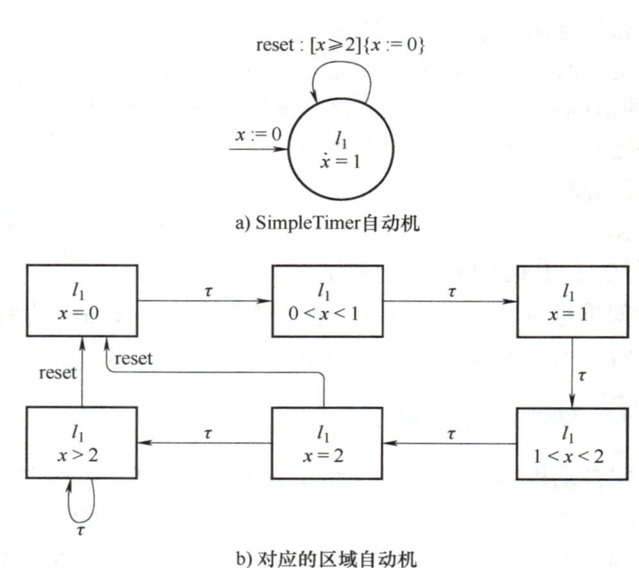

图 5-3 SimpleTimer 自动机及对应的区域自动机

定理 5-2 给定一个积分时间自动机 $\mathcal{A}_1$ 和对应的区域自动机 $\mathcal{A}_2=R(\mathcal{A}_1)$，定义在 $R_{12}\subseteq \mathrm{val}(V_1)\times\mathrm{val}(V_2)$ 上的关系 $(\boldsymbol{v}_1,\boldsymbol{v}_2)\in R_{12}\Longleftrightarrow \boldsymbol{v}_1\in[\boldsymbol{v}_2]$ 是一个时间抽象双模拟关系。

定理 5-2 将无限的积分时间自动机 $\mathcal{A}$ 与其对应的区域自动机 $R(\mathcal{A})$ 联系起来。具体来说，将 $\mathcal{A}$ 的状态与 $R(\mathcal{A})$ 的状态(时钟区域)联系起来的关联 R_{12} 是从 $\mathcal{A}$ 到 $R(\mathcal{A})$ 的时间抽象双模拟关系。这种关系表明，$\mathcal{A}$ 的每个转移和轨迹都可以被 $R(\mathcal{A})$ 的某些转移所模拟，反之亦然。更详细地说，从每一对由 R_{12} 相关联的状态，$\mathcal{A}$ 的 $\boldsymbol{v}_1$ 和 $R(\mathcal{A})$ 的 $\boldsymbol{v}_2$，如果 $\mathcal{A}$ 可以执行一个动作，那么 $R(\mathcal{A})$ 也可以，并且结果状态由 R_{12} 相关联。同样，如果 $\mathcal{A}$ 可以根据轨迹演化，那么 $R(\mathcal{A})$ 可以进行一个 τ-转移，结果状态将相关联。相反，如果 $\boldsymbol{v}_2$ 可以进行一个 τ-转移，那么可以根据相应的轨迹演化；如果 $\boldsymbol{v}_2$ 可以进行一个 τ-转移，那么 $\boldsymbol{v}_1$ 也可以。在这两种情况下，结果状态都由 R_{12} 相关联。

这个定理明确了至少在时间抽象分析的可判定性方面，ITA 并不比传统的自动机更强大。虽然如此，ITA 可以是某些类型 CPS 的更自然的建模框架。此外，当 ITA 转换为自动机时，区域自动机的大小会呈指数级增长。推论 5-1 直接来源于定理 5-2，并且，与有限自动机的可达性算法一起，它为解决 ITA 的 CSR 问题提供了一个算法。

推论 5-1 给定一个积分时间自动机 $\mathcal{A}$ 及其区域自动机 $R(\mathcal{A}_1)$，特定的位置 $\ell\in L$ 在 $\mathcal{A}$ 中是可达的当且仅当它在 $R(\mathcal{A})$ 中是可达的。

5.2　信息物理系统接口

通过前面的学习，已经掌握了一些物理模型和信息模型。其中物理模型是通过微分方程描述，信息模型是由差分方程描述，可以表示为

$$\begin{cases}\dot{\boldsymbol{x}} \in F(\boldsymbol{x}), \boldsymbol{x} \in C \\ \boldsymbol{x}^{+} \in G(\boldsymbol{x}), \boldsymbol{x} \in D\end{cases} \tag{5-4}$$

式中，F 表示发生连续事件（对应状态连续的情况）；G 表示发生离散事件（对应状态跳跃的情况）；C 表示流集；$F(\boldsymbol{x})$ 表示流像；对应地，D 表示跃集；$G(\boldsymbol{x})$ 表示跃像；$\boldsymbol{x}^{+}$ 为状态跳跃后的值；状态 x 可能同时包含“连续”变量与“离散”变量。

现在，希望将物理模型和信息模型连接起来，两者通常通过接口连接，这些接口可以是调节器、转换器，甚至是网络模型。接口允许物理模型产生的信号与信息模型所需的信号兼容。因此，可以构建一个闭环系统，其中信息沿特定方向流动，如图 5-4 所示。

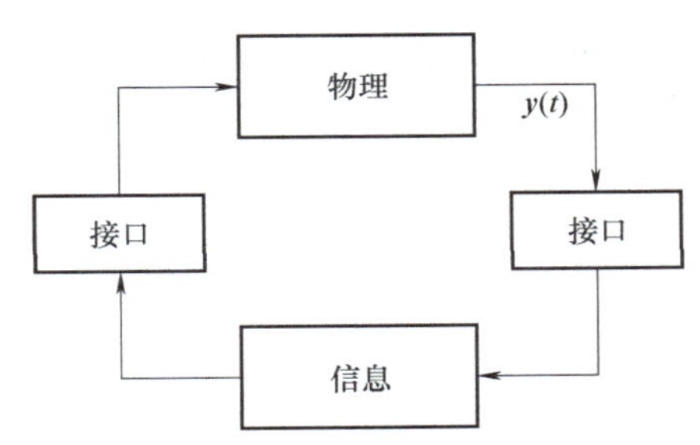

图 5-4　信息物理系统接口模型

对于接口本身，考虑物理模型和信息模型之间的不同接口，包含：

1）模数转换器（Analog to Digital Converter，ADC）。
2）数模转换器（Digital to Analog Converter，DAC）。

5.2.1　模数转换接口模型

在模拟量到数字量的转换中，存在以下机制：给定一个期望的转换频率 $1/T_s^*$，ADC 对输入信号进行采样并将其转换为数字信号，然后将该值置于输出端。

如图 5-5 所示的定周期 ADC 模型，每隔 T_s^* 秒，ADC 提供其输入的数字值。ADC 转换器执行以下操作：

1）每隔 T_s^* 秒对输入 $\boldsymbol{u}(t)$ 进行采样，等于 $\boldsymbol{y}(t)$。
2）$\boldsymbol{y}(t)$ 的测量值被转换为数字量（没有延迟或量化误差）。
3）转换器的输出更新为转换后的数字量，并使用 ZOH 在下一个采样事件之前保持恒定。

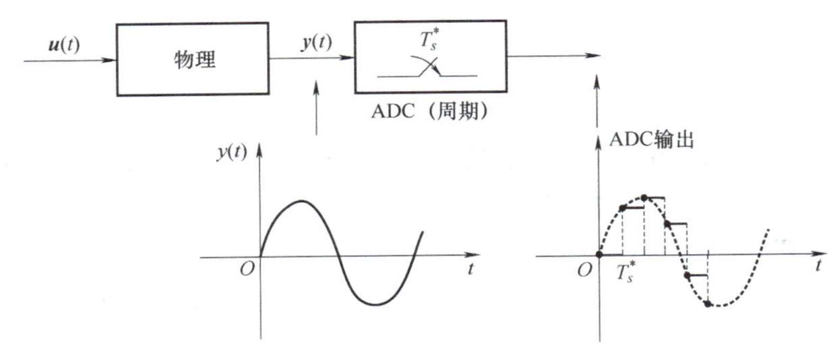

图 5-5　定周期 ADC 模型

对于 ADC 模型，需要每 T_s^* 秒触发采样事件，关注内存中的输入值并保持输出恒定，直到下一次采样事件发生。具体实现如下：

1）使用一个状态变量 τ_s，其表现类似于每 T_s^* 秒触发事件的时间。

① 在事件之间，$\mathrm{d}\tau_s/\mathrm{d}t=1$，用来计算时间。

② 当 $\tau_s=T_s^*$ 时，触发事件。

③ 事件发生后，将其重置为零，即 $\tau_s^+=0$。

2）使用一个状态变量 m_s，其作用类似于一个存储每个事件输入的转换值的内存变量。

① 在事件之间，$\mathrm{d}m_s/\mathrm{d}t=0$，因此它在事件中不会发生变化。

② 在每个事件中，它都会重置为当前的输入值，即 $m_s^+=\gamma$。

因此，ADC 模型有一个状态向量$(\tau_s \quad m_s)^{\mathrm{T}}$，其中 $\tau_s\in\mathbb{R}\geqslant0$，且 $m_s\in\mathbb{R}^{r_p}$，上述输入 v_s 直接分配给系统的输出 m_s，如图 5-6 所示。

可以通过限制 τ_s 的范围来保证当 $\tau_s=T_s^*$ 时事件发生，因此考虑如图 5-7 所示的一种特殊形式：

$$0\leqslant\tau_s\leqslant T_s^* \tag{5-5}$$

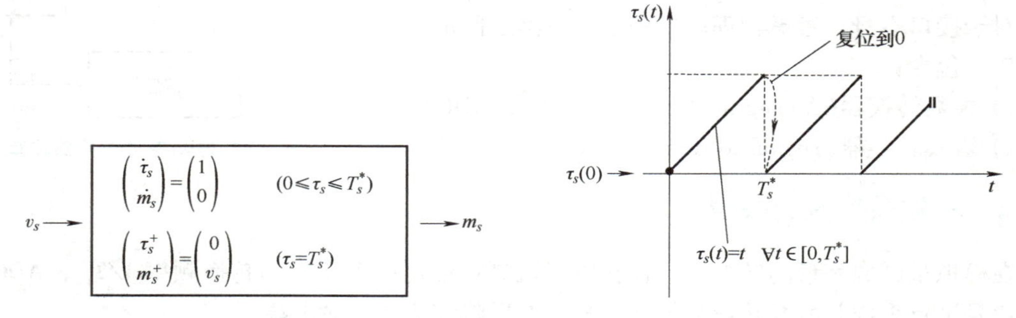

图 5-6　ADC 模型

图 5-7　τ_s 范围的一种特殊形式

这里，τ_s 根据 $\dot{\tau}_s=1$ 变化，当 τ_s 达到 T_s^* 时，只有复位是可能发生的。注意，在模型中的两种条件下都允许 $\tau_s=T_s^*$，但只有事件条件导致正向演化，如图 5-8 所示。

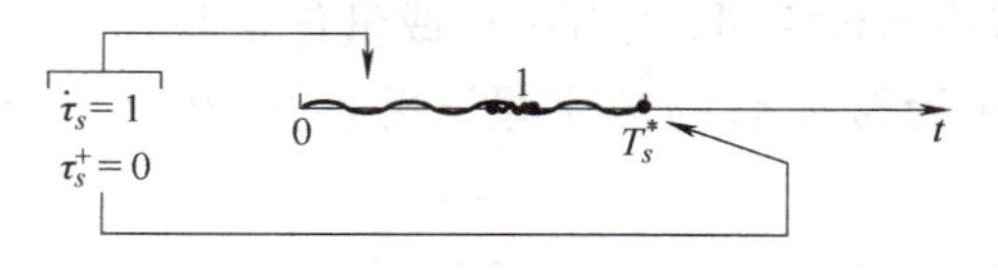

图 5-8　正向演化

补充说明：

1）注意，条件 $\tau_s=T_s^*$ 在数值上是弱的，因为当 $\dot{\tau}_s=1$ 离散化时，很有可能永远不会取到 T_s^* 的值。这个问题有如下解决方案：

① 使用 $\tau_s\geqslant T_s^*$ 替换 $\tau_s=T_s^*$。

② 使用 $\tau_s\in[T_s^*, T_s^*+\gamma(s)]$替换 $\tau_s=T_s^*$（使用 $\tau_s=T_s^*$ 的增量，作为步长 s 的函数）。

③ 在仿真中使用过零检测算法。

2）在 ADC 模型中，通过使用 $m_s^+=\rho(v_s)$替换 $m_s^+=v_s$ 引入量化，从而对量化效应进行建模。量化的一个主要功能是将 v_s 映射到一个离散集上。

3）在 ADC 模型中，还可以将计算时间引入如下情况：

① 添加另一个计时器，当 $\tau_s = T_s^*$ 时开始计数，当它到期时，将输入信号传递给 m_s。

② 添加另一个内存状态以存储输入信号，同时新的计时器计算延迟时间。

4）在 ADC 模型中，可以将事件的不确定性或非周期性合并如下：

$$\begin{pmatrix} \dot{\tau}_s \\ \dot{m}_s \end{pmatrix} = \begin{pmatrix} 1 \\ 0 \end{pmatrix}, \tau_s \in [0, T_s^* + h]$$

$$\begin{pmatrix} \tau_s^+ \\ m_s^+ \end{pmatrix} = \begin{pmatrix} 0 \\ v_s \end{pmatrix}, \tau_s \in [T_s^*, T_s^* + h] \tag{5-6}$$

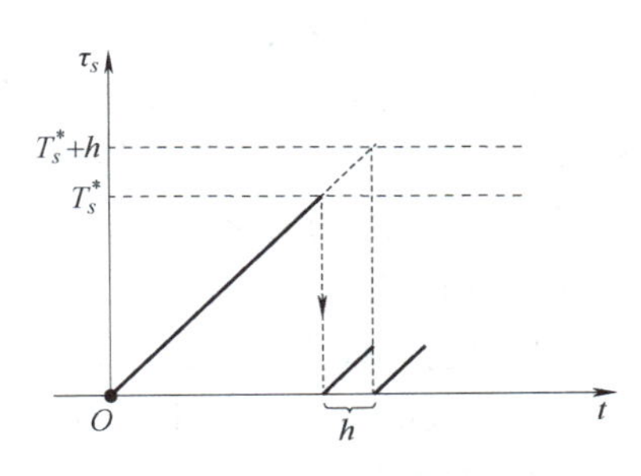

图 5-9　事件的不确定性或非周期性合并情况

当 ADC 完成一次采样和量化后，得到的数值会被保持直到下一个事件发生。在此之间，该值被持续应用于物理层，如图 5-9 所示。

接下来，介绍一个模数转换器（ADC）的示例，模数转换器在 Simulink 中建模为具有输入的混合系统，ADC 对输入进行周期性采样。设输入函数为 $u(t) = \sin(t)$，采样周期为 $T_s = 1\text{s}$，初始状态为 $\boldsymbol{x}_0 = (0 \quad 0)^{\mathrm{T}}$，得到的效果如图 5-10 所示。

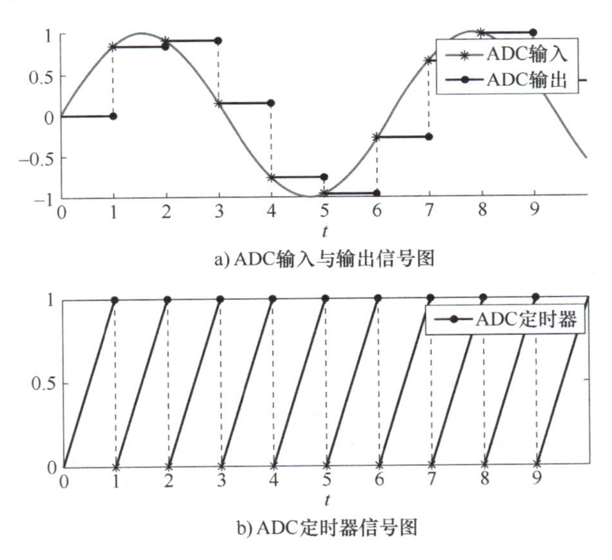

图 5-10　ADC 示例效果图

前文介绍了一个有限状态自动机模型，认为这台机器是没有时间的。一种关联时间的方法是将时间与 ADC 实际互连，如图 5-11 所示，对应计算机中有限自动机的实现。

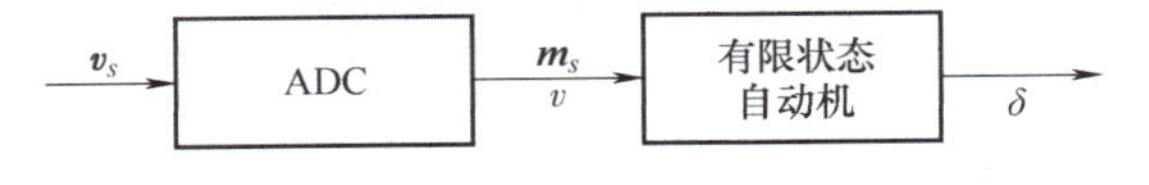

图 5-11　有限自动机的实现

有限自动机的输入将连接到模数转换器，如图 5-12 所示，所以此时机器的输入是 v_s，输出是δ，缓存是m_s，计时器为τ_s，$q^+=\delta(q,v_s)$为状态变量。

1）当事件发生时($\tau_s=T_s^*$)，对输入v_s进行采样，将其存储在m_s中，并根据δ更新q。

2）在事件之间，τ_s计算时间，并保持m_s和q恒定。

因为输入是通过互连分配给m_s的，所以当计算转换函数时，不能写v_s，而是写m_s。

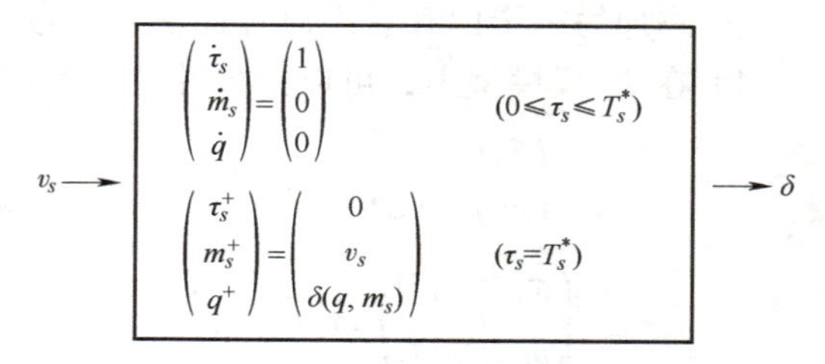

图 5-12　有限自动机的实现模型

如图5-13所示，仿真图展示了模拟信号经过模数转换器(ADC)后的输出情况。上半部分显示了输入信号和ADC的输出信号，下半部分显示了最终的量化输出。

(1) 输入信号v(输入)

1）黑色曲线表示原始的模拟输入信号v。

2）输入信号是一个正弦波形，幅度在-1～1之间变化。

(2) ADC输出信号v ADC(输出)

1）灰色矩形脉冲表示ADC的输出信号。

2）由于ADC将连续的模拟信号转换为离散的数字信号，因此输出信号表现为一系列的阶跃函数。

3）在每个采样点，ADC对输入信号进行采样并将其量化为最近的整数值或预设的电平值。

(3) 量化输出q(输出)

下半部分的黑色水平线表示量化的输出信号q。

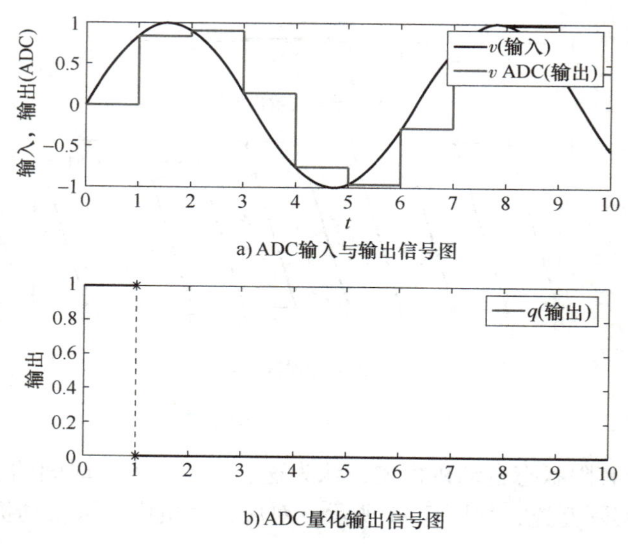

图 5-13　ADC示例仿真图

5.2.2　数模转换接口模型

与推导ADC模型的方式类似，可以推导出如图5-14所示的DAC模型。该模型执行以下操作：

1）在任意 T_h^* 测量信息组件的输出信号，并将其转换为模拟量。

2）通过输入将其应用于物理层。

3）ZOH：直到下一个事件发生，保持该值并应用于物理层。

注意：对 ADC 模型的分析，在 DAC 模型中同样适用。

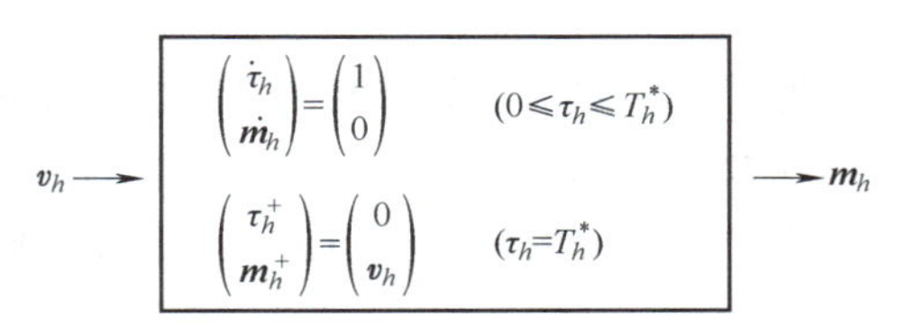

图 5-14　DAC 模型

5.3　数字通信网络

5.3.1　数字通信网络模型

数字通信网络中的事件将被简化为通信事件（类似于 ADC 中的采样事件），主要区别在于，连续通信事件之间的时间间隔可能不是恒定的。实际上，这些事件之间的时间间隔可能是随机的，如图 5-15 所示。

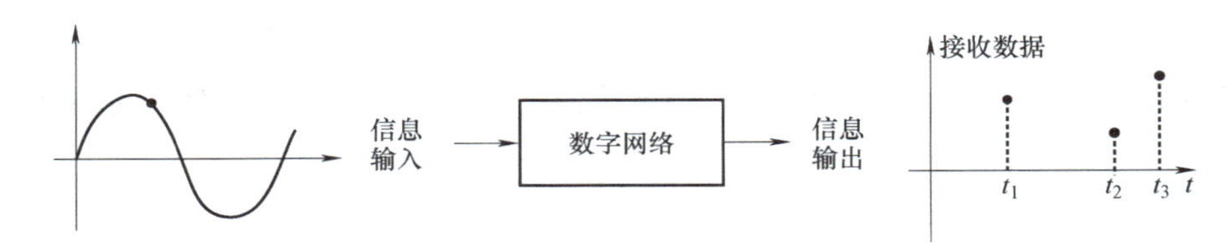

图 5-15　数字通信网络

假设在通信事件中信息传输的到达时间为 t_1，t_2，t_3，…并满足：

$$
\begin{aligned}
&T_N^{*\min}\leqslant t_1-t_2\leqslant T_N^{*\max}\\
&T_N^{*\min}\leqslant t_3-t_2\leqslant T_N^{*\max}\\
&\qquad\vdots\\
&T_N^{*\min}\leqslant t_{i+1}-t_i\leqslant T_N^{*\max}
\end{aligned}
\tag{5-7}
$$

式中，$T_N^{*\max}$ 表示连续事件之间的最坏情况下的时间（s）；$T_N^{*\min}$ 表示此类事件之间最快的时间（s）。

注意：

1）使用计时器 τ_N，只要 $\tau_N\in[0,T_N^{*\max}]$，就可以计算时间。

2）当 $\tau_N\in[T_N^{*\min},T_N^{*\max}]$时，允许将 τ_N 重置为 0。

3）使用内存状态存储信息。

如图 5-16 所示，数字通信网络模型可由微分方程、差分方程和约束条件给出。

注意：当 $\tau_N=T_N^{*\min}$ 时，模型允许 τ_N（通过 $\dot{\tau}_N=1$）连续变化，也允许 τ_N（通过 $\tau_N^+=0$）离散变化。

该模型需要一个解算器，该解算器允许 τ_N、$\boldsymbol{m}_N$ 连续和离散变化的条件重叠。通过

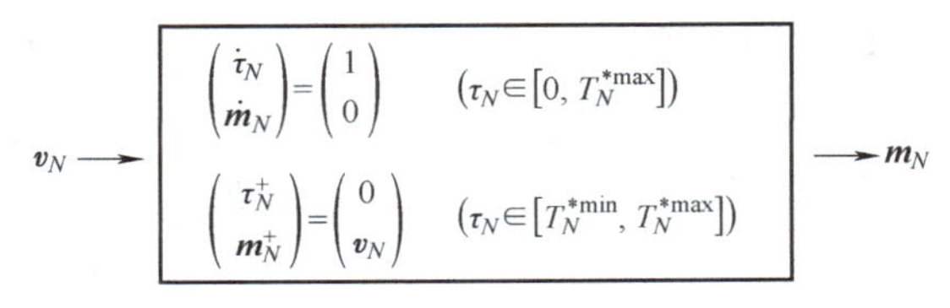

图 5-16　数字通信网络模型

该模型可以得到所有可能的轨迹，其中 t_1，t_2，…满足之前定义的涉及 $T_N^{*\min}$ 和 $T_N^{*\max}$ 的不等式。

为了解决之前模型中存在的 τ_N 条件重叠问题，考虑一种模型可以让 τ_N 减小，并且在 $\tau_N=0$ 时触发事件，如图 5-17 所示。在这种情况下，触发器 τ_N 在事件结束后将被重置到 $[T_N^{*\min},T_N^{*\max}]$ 中的任意一点，如图 5-18 所示。

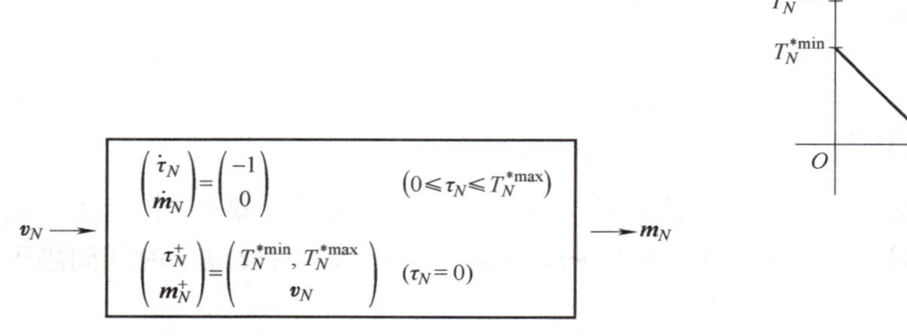

图 5-17　解决 τ_N 重叠问题的改进模型

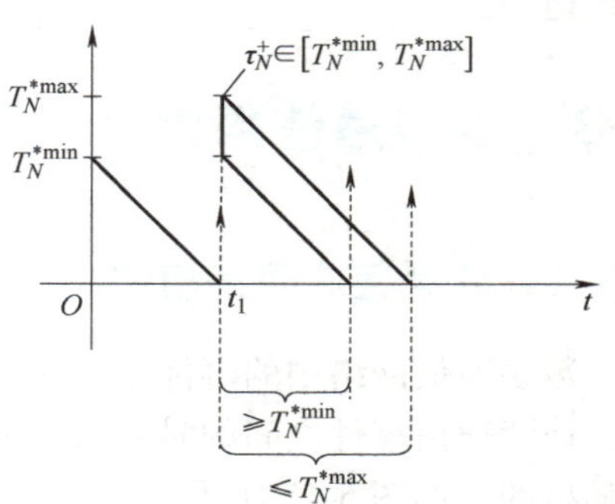

图 5-18　τ_N 的重置过程

在当前重置的过程中存在不确定性，但解算器可以通过从该范围中取 τ_N 值来轻松处理。

5.3.2　数字通信网络估计

1. 连续估计问题

应用信息模型能够解决的问题之一就是网络估计问题。首先假设有一个系统，其中物理过程是通过 CPS 中的物理模型定义的，并且该系统的输出信息仅在对应的通信事件中可用，网络估计的 CPS 实现模型如图 5-19 所示。

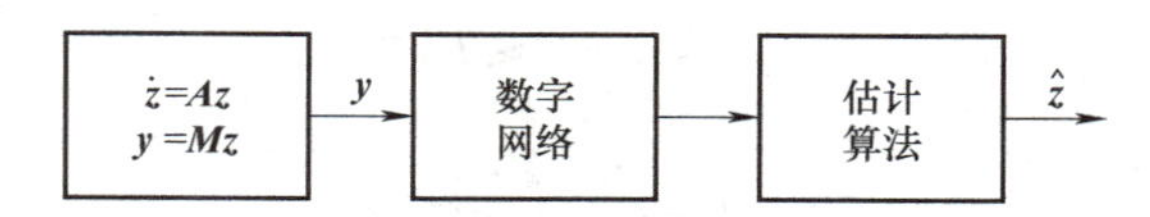

图 5-19　网络估计的 CPS 实现模型

如图 5-19 所示，给定一个物理系统 $\dot{z}=F_p(z)$，$y=h(z)$。设计估计算法，生成一个 z 的估计值 $\hat{z}$，这样当 y 是通过网络测量的时候，随着时间增加，$z-\hat{z}\to0$，这就是网络估计问题。

考虑当 $F_p(z)=Az$，$h(z)=Mz$ 时，估计算法设计如下：

1）当 $\tau_N\in[0,T_N^{*\max}]$时，$\dot{\hat{z}}=A\hat{z}$。

2）当 $\tau_N=0$ 时，$\hat{z}^+=\hat{z}+L(y-M\hat{z})$。其中，$y$ 是网络中得到的，L 为所需设计的估计增益。

模型的概要：

1）当 $\tau_N=0$ 时，$\tau_N^+\in[T_N^{*\min},T_N^{*\max}]$，$z^+=z$，$\hat{z}^+=\hat{z}+L(y-M\hat{z})$。

2）当 $\tau_N\in(0,T_N^{*\max}]$时，$\dot{\tau}_N=-1$，$\dot{z}=Az$，$\dot{\hat{z}}=A\hat{z}$。

下面介绍一个数字通信网络模型的示例。考虑如下一个物理模型：

$$\begin{cases}\dot{z}=Az\\ y=Mz\end{cases}\tag{5-8}$$

式中，$\boldsymbol{A}=\begin{pmatrix} 0 & 1 & 0 & 0 \\ -1 & 0 & 0 & 0 \\ -2 & 1 & -1 & 0 \\ 2 & -2 & 0 & -2 \end{pmatrix}$；$\boldsymbol{M}=(1\quad 0\quad 0\quad 0)$；$\boldsymbol{z}$ 是系统状态；$\boldsymbol{y}$ 是测量输出。输出通过网络进行数字传输，在网络的另一端，计算机接收信息并运行算法，该算法根据测量值 $\boldsymbol{y}(t)$ 估计物理过程的状态 $\boldsymbol{z}(t)$。系统的初始状态为 $\boldsymbol{z}_0=(1\quad 0.1\quad 1\quad 0.6)^{\mathrm{T}}$，$T_N^{*\min}$ 和 $T_N^{*\max}$ 分别是 0.2 和 10，该示例的效果图如图 5-20 所示。

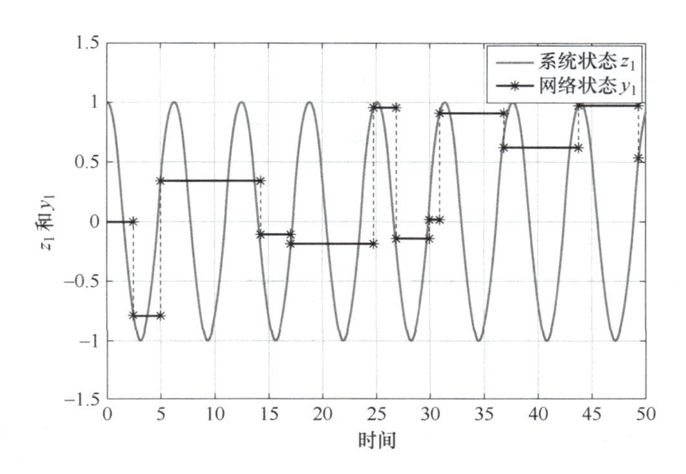

图 5-20　数字网络通信模型示例效果图

考虑一个具有状态变量 $\hat{z}\in\mathbb{R}^{n_p}$ 的估计算法，表示 z 的估计值，该值在接收到新信息时适当重置为新的值。具体来说，设传输时间为 t_i 且 L 是待设计的常数矩阵，估计算法在每次接收到信息时更新其状态如下：

$$\begin{cases}\hat{z}^+=\hat{z}+L(\boldsymbol{y}-\boldsymbol{M}\hat{z}) \\ \dot{\hat{z}}=\boldsymbol{A}\hat{z}\end{cases} \tag{5-9}$$

将网络建模为混合系统，特别假设传输延迟为零，整个系统的状态变量为 i_N，$\tau_N\in\mathbb{R}$，$\boldsymbol{m}_N\in\mathbb{R}^{r_p}$，以及 z，$\hat{z}\in\mathbb{R}^{n_p}$。传输发生在 $\tau_N\leqslant 0$ 时刻，此时网络的状态通过以下方式更新：

$$\tau_N^+\in[T_N^{*\min},T_N^{*\max}],i_N^+=i_N+1,\boldsymbol{m}_N^+=\boldsymbol{y} \tag{5-10}$$

假设系统的初始条件为 $z_0=(1\quad 0.1\quad 1\quad 0.6)^{\mathrm{T}}$，$\hat{z}(0,0)=(-10\quad 0.5\quad 0\quad 0\quad 0)^{\mathrm{T}}$。系统输入为 $u(t)=50\times\sin(0.1\times t)$，并且 $T=30$，$J=100$，进行仿真。仿真结果如图 5-21 所示。

图 5-21 展示了该系统状态及其估计值随时间的变化情况。图中有四个子图，分别对应系统的四个状态变量 x_1，x_2，x_3，x_4 及其对应的估计值 $\hat{x}_1$，$\hat{x}_2$，$\hat{x}_3$，$\hat{x}_4$。从图中可以看出，估计状态逐渐接近系统的真实状态，并且误差很小。在数字通信网络中，系统状态的估计是非常重要的，因为它可以帮助了解当前网络的状态和性能。通过对系统状态的准确估计，可以更好地控制和优化网络资源分配、提高传输效率等。

2. 具有间歇性观测的卡尔曼滤波器

设计基于事件的状态估计器的最简单方法是在无事件时刻忽略由事件触发条件提供的信息，仅基于接收到的点值测量信息来设计估计器。由此产生的估计器结构非常简单，并且

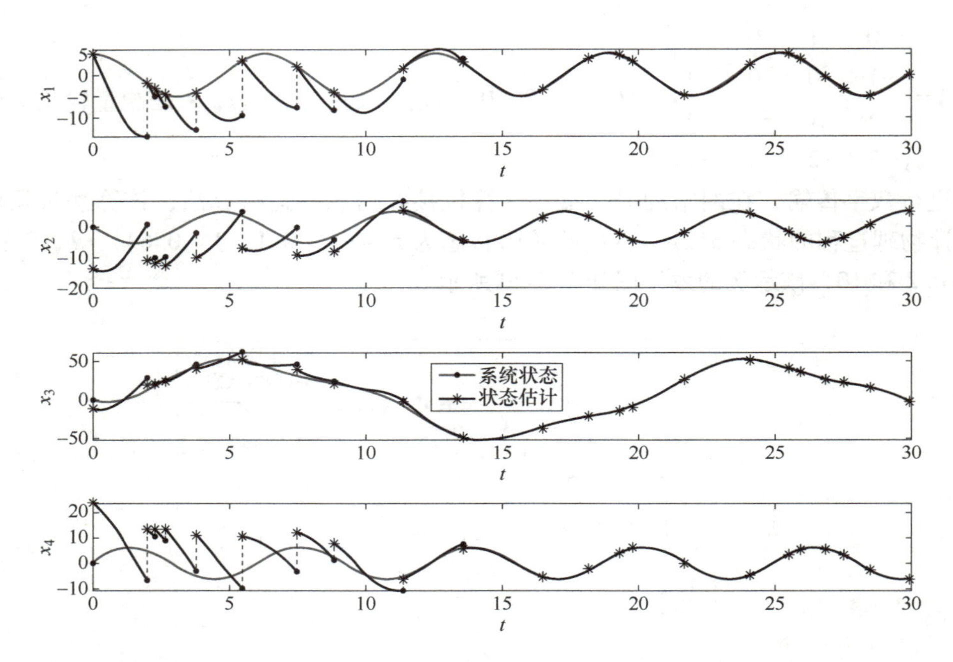

图 5-21　数字网络通信模型示例仿真结果图

有一个著名的名字——具有间歇性观测的卡尔曼滤波器。这种滤波器最初是为了解决不可靠传感器到估计器通信信道的状态估计问题而开发的，但显然它也适用于基于事件的状态估计场景。

与经典卡尔曼滤波器类似，具有间歇性观测的卡尔曼滤波器也有两个步骤，利用本章介绍的符号对单传感器情况进行如下总结：

(1) 时间更新

$$\begin{cases}\hat{\boldsymbol{x}}_k^-=\boldsymbol{A}\hat{\boldsymbol{x}}_{k-1}\\ \boldsymbol{P}_k^-=\boldsymbol{A}\boldsymbol{P}_{k-1}\boldsymbol{A}^{\mathrm{T}}+\boldsymbol{Q}\end{cases}\tag{5-11}$$

(2) 测量更新

如果 $\gamma_k=1$，有

$$\begin{cases}\boldsymbol{K}_k=\boldsymbol{P}_k^-\boldsymbol{C}^{\mathrm{T}}(\boldsymbol{C}\boldsymbol{P}_k^-\boldsymbol{C}^{\mathrm{T}}+\boldsymbol{R})^{-1}\\ \hat{\boldsymbol{x}}_k=\hat{\boldsymbol{x}}_k^-+\boldsymbol{K}_k(\boldsymbol{y}_k-\boldsymbol{C}\hat{\boldsymbol{x}}_k^-)\\ \boldsymbol{P}_k=(\boldsymbol{I}-\boldsymbol{K}_k\boldsymbol{C})\boldsymbol{P}_k^-\end{cases}\tag{5-12}$$

如果 $\gamma_k=0$，有

$$\hat{\boldsymbol{x}}_k=\hat{\boldsymbol{x}}_k^-,\boldsymbol{P}_k=\boldsymbol{P}_k^-\tag{5-13}$$

显然，如果违反了事件触发条件(即 $\gamma_k=1$)并且传感器测量 $\boldsymbol{y}_k$ 可供估计器使用，具有间歇性观测的卡尔曼滤波器的演变方式与经典卡尔曼滤波器相同；否则，当传感器测量 $\boldsymbol{y}_k$ 不可用(即 $\gamma_k=0$)时，滤波器只执行时间更新步骤，并使用预测值 $\hat{\boldsymbol{x}}_k^-$ 作为估计值。根据开发经典卡尔曼滤波器的推导，不难验证这种滤波器提供了给定测量信息的 MMSE(最小均方误差)状态估计。

由于在设计这一估计器时忽略了事件触发条件中包含的信息，因此其估计性能不如基于事件触发测量信息设计的估计器。然而，具有间歇性观测的卡尔曼滤波器为基于事件的状态估计器的性能评估提供了一个不错且简单的基准，并且在本书中将经常被用于进行理论和数值的比较。

5.4　采样-保持控制的信息物理系统

5.4.1　系统模型

在采样-保持控制中，当控制物理系统时，可以使用 ADC 和 DAC 的模型来模拟整个闭环系统。本节将探讨一个示例，如图 5-22 所示。

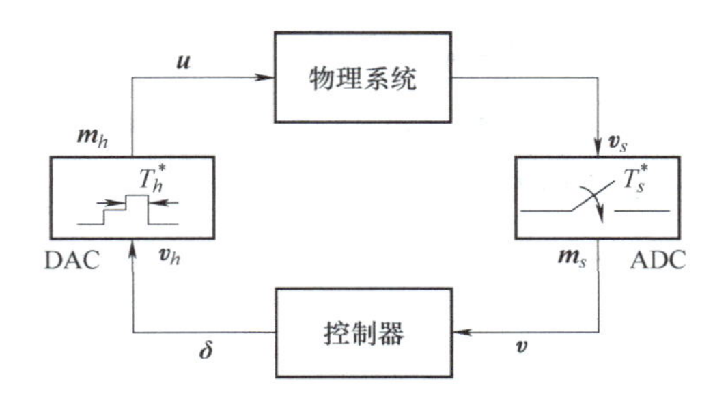

图 5-22　采样-保持系统的示例

图中，物理系统对应的是连续模型，其状态空间方程为

$$\begin{cases}\dot{\boldsymbol{z}}=F_p(\boldsymbol{z},\boldsymbol{u})\\ \boldsymbol{y}=h(\boldsymbol{z})\end{cases}\tag{5-14}$$

与之连接的控制器(有限控制器)描述如下：

$$\begin{cases}q^+=\delta(q,\boldsymbol{v})\\ \delta=K(q)\end{cases}\tag{5-15}$$

两者之间存在一个模数转换器，系统经过离散化后将信号传递给控制器，此部分的输入与输出分别为 $\boldsymbol{v}_s$ 与 $\boldsymbol{m}_s$。模数转换器的计数器参数为

$$\begin{cases}\dot{\tau}_s=1\\ \dot{\boldsymbol{m}}_s=0\end{cases},\tau_s\in[0,T_s^*]\qquad \begin{cases}\tau_s^+=0\\ \boldsymbol{m}_s^+=\boldsymbol{v}_s\end{cases},\tau_s=T_s^*\tag{5-16}$$

类似地，从控制器输出到物理系统的输入，中间是数模转换器，给定控制器的输出为 δ，数模转换器的输入为 $\boldsymbol{v}_h$，输出为 $\boldsymbol{m}_h$。同样地，该部分也有一个计时器，其参数为

$$\begin{cases}\dot{\tau}_h=1\\ \dot{\boldsymbol{m}}_h=0\end{cases},\tau_h\in[0,T_h^*]\qquad \begin{cases}\tau_h^+=0\\ \boldsymbol{m}_h^+=\boldsymbol{v}_h\end{cases},\tau_h=T_h^*\tag{5-17}$$

系统内部之间输入与输出的关系满足以下等式：

$$\boldsymbol{v}_s=\boldsymbol{y},\boldsymbol{v}=\boldsymbol{m}_s,\boldsymbol{v}_h=\boldsymbol{\delta},\boldsymbol{u}=\boldsymbol{m}_h \tag{5-18}$$

对于图 5-19 所示的 CPS 系统，用 $\boldsymbol{X}$ 来表示上述状态向量，上述系统的状态方程可以表示为

$$\dot{z}=F_p(z,\boldsymbol{m}_h) \tag{5-19}$$

式中，$\boldsymbol{m}_h=0$。

注意：$\dot{q}=0$。计数器的取值范围为 $\tau_s\in[0,T_s^*)$，$\tau_h\in[0,T_h^*)$。

由于系统中存在模数转换器，需要讨论其跳跃后的参数，具体如下：

1）当 $\tau_s=T_s^*$，$\tau_h\in[0,T_h^*)(\tau_h<T_h^*)$时，需满足：

$$z^+=z,\tau_s^+=0,\boldsymbol{m}_s^+=\boldsymbol{v}_s,q^+=\delta(q,\boldsymbol{m}_s),\tau_h^+=\tau_h,\boldsymbol{m}_h^+=\boldsymbol{m}_h \tag{5-20}$$

2）当 $\tau_s\in[0,T_s^*)$，$\tau_h=T_h^*$ 时，需满足：

$$z^+=z,\tau_s^+=\tau_s,\boldsymbol{m}_s^+=\boldsymbol{m}_s,q^+=q,\tau_h^+=0,\boldsymbol{M}_h^+=\boldsymbol{v}_h \tag{5-21}$$

3）当 $\tau_s=T_s^*$，$\tau_h=T_h^*$ 时，需满足：

$$z^+=z,\tau_s^+=0,\boldsymbol{m}_s^+=\boldsymbol{v}_s,q^+=\delta(q,\boldsymbol{m}_s),\tau_h^+=0,\boldsymbol{m}_h^+=\boldsymbol{v}_h \tag{5-22}$$

5.4.2 应用案例

下面介绍一个采样-保持控制的示例。其物理系统对应的状态空间方程如下：

$$\begin{cases}\dot{z}=\boldsymbol{A}z+\boldsymbol{B}u\\ \boldsymbol{y}=\boldsymbol{C}z\end{cases} \tag{5-23}$$

式中，$\boldsymbol{A}=\begin{pmatrix}0 & 1\\ 0 & -b/m\end{pmatrix}$；$\boldsymbol{B}=\begin{pmatrix}1\\ 1/m\end{pmatrix}$；$\boldsymbol{C}=\begin{pmatrix}1 & 0\\ 0 & 1\end{pmatrix}$；$b=2$；$m=4$。

假设采样设备是理想的，并且信号通过数模转换器（DAC）连接到物理系统。数字信号在计算机组件中需要转换为模拟信号以供使用。DAC 通过将数字信号转换为模拟等效信号来完成这一任务。最常用的 DAC 模型之一是零阶保持模型（ZOH）。简单来说，ZOH 将输入的数字信号转换为输出的模拟信号。其输出在离散的时间点更新，通常是周期性的，在两次更新之间保持不变，直到下一个采样时间有新的信息可用。设 $\tau_h\in\mathbb{R}\geqslant0$ 为定时器状态，$\boldsymbol{m}_h\in\mathbb{R}^{r_C}$为样本状态（注意 h 的值表示接口中的 DAC 数量），$\boldsymbol{v}_h\in\mathbb{R}^{r_C}$为 DAC 的输入。其操作如下：当 $\tau_h\leqslant0$ 时，定时器状态重置为 τ_r，样本状态用 $\boldsymbol{v}_h$（通常是嵌入式计算机的输出）更新，其中 $\tau_r\in[T_{\min},T_{\max}]$是一个随机变量，用于建模通信间隔的时间，且 $T_{\min}\leqslant T_{\max}$。

模数转换器（ADC）：

$$\begin{aligned}&f(z,u):=\begin{pmatrix}0\\0\\1\end{pmatrix},C:=\{(z,u)\mid\tau_s\in[0,T_s^*]\}\\ &g(z,u):=\begin{pmatrix}u\\0\end{pmatrix},D:=\{(z,u)\mid\tau_s\geqslant[0,T_s^*]\}\\ &y=h(z):=z\end{aligned} \tag{5-24}$$

式中，$z=(\boldsymbol{m}_s,\tau_s)\in\mathbb{R}^2\times\mathbb{R}$，并且 $u\in\mathbb{R}$。

零阶保持模型(ZOH)：

$$
\begin{aligned}
f(z,u):=\begin{pmatrix}0\\1\end{pmatrix},C:=\{(z,u)\mid\tau_s\in[0,T_s^*]\}\\
g(z,u):=\begin{pmatrix}u\\0\end{pmatrix},D:=\{(z,u)\mid\tau_s\geqslant[0,T_s^*]\}\\
y=h(z):=z
\end{aligned}
\tag{5-25}
$$

式中，$z=(m_s,\tau_s)\in\mathbb{R}\times\mathbb{R}$，并且 $u\in\mathbb{R}$。

ADC 和 DAC 的采样周期均为 $T_s^*=0.3\text{s}$，物理系统的初始状态为$(1\quad 1)^{\text{T}}$，效果图如图 5-23 所示。

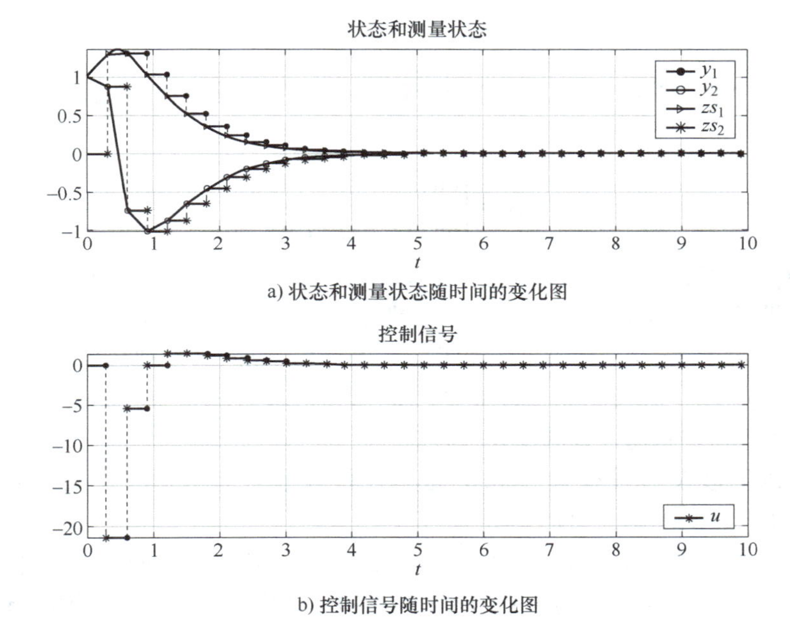

a) 状态和测量状态随时间的变化图

b) 控制信号随时间的变化图

图 5-23　采样-保持系统示例效果图

图 5-23 展示了系统在连续时间内的状态和控制信号的变化情况。

(1) 状态和测量状态图(见图 5-23a)

1) 图中展示了两个状态变量 y_1 和 y_2 随时间 t 的变化。

2) 从图中可以看出，随着时间的推移，状态变量趋于稳定，测量状态也在跟踪真实状态。

(2) 控制信号图(见图 5-23b)

1) 图中展示了控制信号 u 随时间 t 的变化。

2) 从图中可以看出，控制信号在开始阶段有较大的变化，随后逐渐趋于平稳。

图 5-23 展示了系统在连续时间下的动态特性，包括状态变量的变化和控制信号的作用。通过观察，可以了解系统在不同时间段内的行为和响应，有助于理解和分析系统的性能和稳定性。

本章小结

本章介绍了时间自动机及其相关示例，探讨了信息物理系统（CPS）的关键接口模型，包括模数转换接口与模型、数模转换接口与模型、数字通信网络模型以及采样-保持控制的信息物理系统模型。标准化接口模型允许不同组件之间实现无缝通信和协作，使得各部分能够独立开发并轻松整合到整体系统中，从而提升了系统分析和验证的效率。这些接口模型通过标准化和模块化设计，促进了 CPS 的高效集成和可靠运行，为系统的创新和发展奠定了坚实的基础。

练习题

5-1 考虑一个温度控制问题，设计一个控制器以保持温度在$[T_{min}, T_{max}]$内。假设有两种操作模态：

$$q \in Q, Q=\begin{cases} \text{on}, \dot{T}=-aT+T_r+T_\Delta \times 1 \\ \text{off}, \dot{T}=-aT+T_r+T_\Delta \times 0 \end{cases}$$

式中，$a=1$；$T_r=65℃$；$T_\Delta=20℃$；$T_{min}=70℃$；$T_{max}=80℃$。控制输入为$u=\{0,1\}$。当温度$T \geqslant T_{max}$且加热器开启($q=\text{on}$)时，应该关闭加热器($u=0$)。因此，此时应从模态 $q=\text{on}$ 转换到模态 $q=\text{off}$。当温度 $T \leqslant T_{min}$且加热器关闭($q=\text{off}$)时，应该打开加热器($u=1$)，使其从模态 $q=\text{off}$ 转换到 $q=\text{on}$。假设初始温度是 $T_0=55℃$，仿真时间为 10s。使用 Simulink 完成仿真，并绘制温度 T 和控制输入 u 的变化过程。

5-2 说明以下涉及时钟变量 x 和 y 的集合可以被重写为语义上等价的积分时钟约束：(a)$x=5$；(b)$x>5 \vee y \leqslant 5$；(c)$x \in [3, 5)$。

5-3 为开关自动机的每个时钟区域编写参数化的定义。例如，对于单例时钟区域，$P_{i,j} \triangleq \{v \mid v\lceil x=i, v\lceil y=j\}$，其中 i，$j \in \mathbb{N}$，$i \leqslant 2$，$j \leqslant 10$。计算每种类型的时钟区域数。

参考文献

[1] 刘伟，肖七瑞，陈新海，等. 基于时间自动机的无信号交叉口车路协同系统建模与验证[J]. 系统仿真学报，2024，36(7)：1682-1698.

[2] ALUR R，DILL D L. A theory of timed automata[J]. Theoretical computer science，1994，126(2)：183-235.

[3] 罗昌俊，任星倩，何福，等. 基于时间自动机的动力调度岗位培训仿真机理建模[J]. 兵工自动化，2024，43(8)：60-63；85.

[4] WAZE M T B，DINGEL J，RUDIE K. A survey of timed automata for the development of real-time systems[J]. Computer science review，2013，9：1-26.

[5] YONGAN M，WEI L，TAO L，et al. Runtime verification of self-adaptive multi-agent system using probabilistic timed automata[J]. Journal of Intelligent & Fuzzy Systems，2023，45(6)：10305-10322.

[6] 苏琪，王婷，陈铁明，等. 基于时间自动机的 CPS 安全建模和验证[J]. 信息安全研究，2017，3(7)：601-609.

[7] HEHENBERGER P, VOGEL-HEUSER B, BRADLEY D, et al. Design, modelling, simulation, and integration of cyber physical systems: methods and applications [J]. Computers in Industry, 2016, 82: 273-289.
[8] DERLER P, LEE E A, VINCENTELLI A S. Modeling cyber-physical systems[J]. Proceedings of the IEEE, 2011, 100(1): 13-28.
[9] WALDEN R H. Analog-to-digital conversion in the early twenty-first century[J]. Wiley Encyclopedia of Computer Science and Engineering, 2007, 1-14.
[10] FREY M, LOELIGER H A. On the static resolution of digitally corrected analog-to-digital and digital-to-analog converters with low-precision components[J]. IEEE Transactions on circuits and systems I: regular papers, 2007, 54(1): 229-237.
[11] FERRANTE F, GOUAISBAUT F, SANFELICE R G, et al. State estimation of linear systems in the presence of sporadic measurements[J]. Automatica, 2016, 73: 101-109.

第6章 信息物理系统模型验证

导读

前面章节主要定义了信息物理系统的模型和行为，本章将验证这些定义的系统行为是否正确(correct)。因此，首先需要明确系统行为“正确”的定义，系统的正确性定义通常来源于产品或系统的设计需求文档。这些文档描述了系统的功能需求，可能包含系统如何工作、如何交互、如何使用、如何维护、如何管理等信息。对于通常用于安全攸关应用的信息物理系统而言，证明系统满足设计需求是至关重要的。这些系统需求也被称作属性(property)或规格(specification)。本章的第一部分，以ISO 26262 标准为例，探讨安全攸关信息物理系统测试和认证的现有安全标准，包括其如何将系统组件划分为不同的完整性等级，并提供开发和测试的指导原则。第二部分，介绍了线性时态逻辑(LTL)，这是一种数学技术，用于精确表述系统属性，包括不变量和活性需求，通过 LTL 可以简洁地描述系统行为的复杂需求。第三部分，介绍了不变量的验证方法，包括如何通过分析系统的可达状态来验证不变量，以及如何使用归纳不变量和 Floyd-Hoare 逻辑来证明系统的安全性。最后，通过 Fischer 互斥问题和直升机控制分析的案例，展示了形式化验证方法在实际应用中的有效性，从而验证了本章介绍的验证技术。

本章知识点

- 安全性需求和活性需求
- 线性时态逻辑
- 不变量与归纳不变量
- 屏障函数与屏障验证

6.1 需求分析

产品或系统的需求分析由一系列任务组成，这些任务最终确定产品必须满足的设计需求。需求有时被称为技术规格或功能属性。如“在 2.8s 内从 0 加速到 60m/h”是电动汽车高级规格的一种示例。

产品涉及多个利益攸关者，包括用户、设计者、监管者和制造商。他们的需求和动机往往相互冲突。因此，需求分析是一个迭代的人工过程，旨在从各方获取输入，分析用例，交叉验证可能冲突的需求，并在合同中记录需求。除了核心的硬件和软件功能（也称为行为需求）之外，需求还包括性能、用户界面、能源效率、环境影响（如排放）和成本效益等方面。尽管在此不对这些内容进行详细讨论，但需要指出的是，使用非正式需求进行验证时，常常会面临一些挑战。

首先，需求通常使用自然语言、表格、状态图、流程图和伪代码的组合来编写，因此往往模糊且缺乏约束。为了减少这些歧义，已经提出了一些需求规范语言（Requirement Specification Languages，RSLs）。例如，时态逻辑的变体已被提出用于数学定义信息物理系统的需求。另一种避免歧义的方法是使用自然语言处理（Natural Language-Processing，NLP）工具，将需求转换为机器可读的形式，可以达到一致性和明确性。然而，RSLs 和 NLP 工具的普及受到一定限制，部分原因在于它们存在学习曲线，因此通常被视为不切实际。

安全标准为开发安全关键系统提供了指导方针和流程。例如，美国联邦航空管理局（FAA）采用 DO-178C 标准作为确定和认证航空软件适航性的指南，并将其作为联邦航空法规的一部分强制执行。ISO 26262 则是管理道路车辆电子和软件组件功能安全的相关标准，但与航空系统不同，其采用是自愿的。其他安全标准包括国防部系统安全标准实践（MIL-STD-882E），联邦机动车辆安全标准（FMVSS），自动开放系统架构（AUTOSAR），铁路应用的可靠性、可用性、可维护性及安全性标准（EN 50126），医疗器械相关标准（IEC 62304）以及预期功能的安全性标准等。

大多数安全标准将系统组件或功能划分为不同的完整性等级，并提供了相应的开发和测试指导原则。组件的完整性等级划分通常基于对其失效或故障后果的分析。需要注意的是，这些标准大多是描述性的，而非强制性的，因此给予供应商和系统制造商较大的自由裁量权。

ISO 26262 标准专注于道路车辆电子和软件组件的功能安全。类似于 DO-178C 标准，ISO 26262 将零部件划分为不同的等级，这些等级依据车辆在风险暴露下的可控程度而定，共分为四种汽车安全完整性等级（Automotive Safety Integrity Levels，ASILs）。粗略来说，ASIL 反映了一般风险概念，其具体表述如下：

$$Risk = (Probability\ of\ accident) \times (Expected\ loss\ in\ case\ of\ accident) \tag{6-1}$$

$$ASIL = (Exposure \times Controllability) \times Severity \tag{6-2}$$

该标准将暴露（*Exposure*）分为五个等级，从“极低概率”到“高概率”；将严重程度（*Severity*）划分为四个等级，从“无伤害”到“致命伤害”；将可控性（*Controllability*，由驾驶员控制）分为四个等级，从“可控制”到“难以控制”。该标准说明了如何将这些变量组合起来，以确定道路车辆中电子系统或组件所需的 ASIL。例如，在中等发生概率的情况下必须依赖的组件，被认为是正常可控的，但可能导致生命危险，则要求其 ASIL 为 B。

将 ASIL 归因于设备本身是一种误解。相反，ASIL 应归因于特定的功能或属性。例如，谈论“ASIL B LIDAR（ASIL B 激光雷达）”并不准确。一个有效的要求可以表述为：“如果传感器（如激光雷达）在指定范围内检测到一个指定尺寸的物体，则对于 ASIL B 要求，可以保证在 99%的情况下该传感器能够将该物体报告为已检测到”。

ASIL 等级规定了符合 ISO 26262 标准所需的严格要求。标准对单元级别和架构级别的测试提出了具体要求，而没有要求独立性。此外，强烈建议对最高级别(ASIL D)进行 MC/DC(修正条件/判定覆盖)测试。表 6-1 提供了设计保证等级(DAL)和 ASIL 之间的大致对应关系。

表 6-1 设计保证等级(DAL)和汽车安全完整性等级(ASIL)对应关系

DAL	故障条件	代码覆盖要求	ASIL
A	灾难性的	MC/DC 单元测试，具有独立性、分支性、功能性、调用性和语句覆盖范围	N/A
B	危险的	具有独立性的分支覆盖和语句覆盖，高度推荐 MC/DC	ASILD
C	严重的	推荐使用语句覆盖，MC/DC 单元测试，分支覆盖	ASILB/C
D	轻微的	推荐使用语句覆盖，分支覆盖	ASILA
E	无安全影响的	—	N/A

多个已发布的案例研究展示了如何将测试和形式化验证应用于 ISO 26262 的合规性和风险分析。其基本思路如下：汽车在高速公路上的制动曲线是否安全，取决于多个参数，包括初始车间距、车辆初始速度、车辆动态响应、反应时间以及路面状况。通过模拟或理论分析，可以确定在一组特定参数下，给定的制动曲线是否安全。接着，将这一判断与关于参数分布的统计信息(如道路交通摄像头数据)结合，计算事故发生的概率。在不安全的情况下，还需计算碰撞的最坏相对速度，这一速度可用于表征事故的严重性。通过结合概率和严重性，可以评估与制动曲线相关的总体风险。这种分析方法可作为设计工具，用于根据不同的高速公路速度、路况及其他因素调整制动曲线。

6.2 安全性需求

到目前为止，最常见的产品或系统需求是不变量或安全性需求(也称为安全属性)。信息物理系统的不变量概念源自于基本守恒量的推广，如物理学中的能量或动量在封闭系统中保持不变。粗略地讲，不变量体现了“某些事情始终成立”或“坏事永远不会发生”的理念。

对于具有变量集 V 和状态空间 val(V)的自动机来说，候选不变量 I 是 val(V)的子集，可以等价地表示为 V 上的谓词。在自动机 $\mathcal{A}$ 执行过程中，如果所有状态都满足 I，那么 I 就是不变量，即

$$\forall \alpha \in Execs_{\mathcal{A}}, \forall t, \alpha(t) \in I \tag{6-3}$$

一般来说，将安全性需求定义为一个集合 $S \subseteq Execs_{\mathcal{A}}$，使得对于任意 $\alpha \subseteq Execs_{\mathcal{A}}$，$\alpha \in S \Leftrightarrow \forall \beta \in Frags_{\mathcal{A}}: \beta \leqslant \alpha \Rightarrow \beta \in S$ 成立。也就是说，安全性需求 S 是这样的需求：如果 α 满足 S，那么 α 的任意前缀也满足 S。不变量需求是安全性需求的一种常见子类，也可以被定义为一个集合 $I \subseteq$ val(V)，使得可达状态 $\mathcal{A}$(从给定的一组初始状态 $\Theta \subseteq$ val(V))包含于 I(即 $\text{Reach}_{\mathcal{A}} \subseteq \text{I}$)。

例如，对于 2.6 节中的 Dijkstra 的令牌环算法，“系统始终只有一个令牌”表示了一个候选不变量，该不变量是系统只有一个令牌的所有状态的集合。这个集合可以等价地写为 ϕ_{legal}。正如第 2.6 节中描述，如果 DijkstraTR 的所有初始状态都只有一个令牌，那么候选不变量 ϕ_{legal} 是一个不变量。以驾驶安全性需求为例，“除非打转向灯，否则汽车始终在车道内行驶”可以用以下谓词表示：

$$\neg\ turnSignal \Rightarrow leftLane \leqslant x \leqslant rightLane \tag{6-4}$$

式中，x 是汽车的横向位置(m)；*leftLane* 和 *rightLane* 是左、右车道标记的位置(m)。

不变量同样也可以从负面的角度来说明，即不应该发生坏事或不安全的事情。例如，一个交通路口的需求为“相交车道上的信号灯决不能同时为绿灯”，在这种情况下，不变量需求是由不应该达到的坏状态或不安全状态的集合间接指定的。

6.3 活性需求

在不变量之后，第二种最常见的需求类型是活性需求。粗略地说，活性需求断言“好的事情最终会发生”。除非系统还必须满足活性需求，否则实现安全要求是微不足道的。

活性需求有几种形式，对于具有变量集合 V 和状态空间 $\mathrm{val}(V)$ 的自动机 $\mathcal{A}$，可以通过子集 $P\subseteq \mathrm{val}(V)$ 来指定一种简单的活性属性。如果自动机 $\mathcal{A}$ 的每次执行最终都能到达 P，那么就可以认为从一组给定的初始状态集合 $\Theta\subseteq \mathrm{val}(V)$ 出发的自动机 $\mathcal{A}$ 满足了活性需求，即

$$\forall \alpha \in Execs_{\mathcal{A}},\ \exists t, \alpha(t) \in P \tag{6-5}$$

式(6-5)中的条件类似于程序的终止。更一般地说，将活性需求定义为集合 $L\subseteq Execs_{\mathcal{A}}$，使得 $\forall \beta \in Frags_{\mathcal{A}}$，$\exists \beta' \in Frags_{\mathcal{A}}$，$\beta\beta' \in L$ 成立。也就是说，每个有限执行都可以被扩展(可能通过无限后缀)来满足这样的要求，程序终止是我们特别熟悉的活性需求。

更强的活性需求是规定对于任意起始状态，$\mathcal{A}$ 的每个执行片段最终必须到达 P。系统稳定性的一个例子是：系统在失败后可以处于任何状态，但随后会在有限时间内恢复(即回到合法状态)。在 Dijkstra 的令牌环算法中，稳定性要求是“系统最终回到具有单个令牌的状态”，ϕ_{legal}定义了这个集合。对于度量空间上的自动机来说，渐近稳定性是更有意义的活性需求，它要求 $\mathcal{A}$ 的所有执行随着时间的推移趋近于 P。例如，对于车辆控制系统来说，向一个航点收敛比精确到达航点更有意义。在此，感兴趣的读者可以进一步了解全局稳定性和局部稳定性的相关定义。

这些需求并没有说明如何尽快实现 P，而一个更强的活性需求则规定了必须在多长时间内实现 P，即

$$\forall \alpha \in Execs_{\mathcal{A}},\ \exists t \leqslant T_p, \alpha(t) \in P \tag{6-6}$$

式中，T_P 是一个自动机 $\mathcal{A}$ 实现 P 的时间上限，其他形式的 T_P 可能是 α 的初始状态的函数。为了进一步说明这一点，式(6-6)可以写为

$$\forall \alpha \in Execs_{\mathcal{A}'},\ \forall t, \alpha(t)\lceil timer \leqslant T_P \vee \alpha(t)\lceil(V\setminus\{timer\}) \in P \tag{6-7}$$

式中，$\mathcal{A}'$是自动机 $\mathcal{A}$ 带有计时器变量 *timer* 的增强版本。这里，不变量表示要么 $timer\leqslant T_P$，要么 $\mathcal{A}'$的状态(没有计时器)在 P 集合中。

活性需求 P 的反例是存在一个无限执行 α，使得 $\forall t$，$\alpha(t)\notin P$。或者，可以用一对有限的执行片段 α_1、α_2 表示。对于这个反例，要求①$\alpha_1.\mathrm{fstate}\in\Theta$；②$\alpha_1.\mathrm{lstate}=\alpha_2.\mathrm{fstate}=\alpha_2.\mathrm{lstate}$；③对于所有的 $t\in\alpha_1.\mathrm{dom}$，$\alpha_1(t)\notin P$，并且对于所有的 $t\in\alpha_2.\mathrm{dom}$，$\alpha_2(t)\notin P$。然后，定义 $\alpha=\alpha_1\cap\alpha_2\cap\alpha_3\cap\cdots$。检查 α 是否是 $\mathcal{A}$ 的有效执行并违背需求 P 的过程是非常直接的。这种具有有限初始执行和无限重复片段的反例称为套索(lasso)。

6.4 线性时态逻辑

时态逻辑是一类形式化语言，用于简洁地指定复杂的需求。例如，时态逻辑公式可以表达如下需求："按下行走按钮后，红灯和行走标志最终会亮起"以及"发生故障后，系统可能会退出安全范围 S，但最终会重新进入并保持在 S 内"。在这里，术语"时态"可能会产生误导，因为这些需求与时间无关——至少在定时和混合自动机模型中，它们并不指实时性需求。时态指的是在所讨论的自动机执行过程中，某些动作或谓词的顺序排列。总体而言，时态逻辑分为两类：①分支逻辑，它允许对执行过程进行量化；②线性逻辑，它不允许量化执行过程。计算树逻辑(CTL)和线性时态逻辑(LTL)分别作为这两类逻辑的代表。时态逻辑可以在多种类型的自动机模型中进行讨论，即离散状态自动机、定时自动机和混合自动机。本小节将重点关注离散状态模型。

6.4.1 背景定义

一个自动机定义为一个元组 $\mathcal{A}=(V,\Theta,A,\mathcal{D})$，其中 V 代表变量集，Θ 代表初始状态集，A 是动作或过渡标签的集合，而 $\mathcal{D}$ 代表标记转换的集合。在时态逻辑的讨论中，通常关注状态的标记，而非状态之间的转换。

(1) 原子命题(Atomic Propositions)

设 AP 是一组原子命题。集合中的每个 $p\in AP$ 代表所关心的一个基本(即原子的)属性或需求。关于互斥协议的原子命题的例子包括 p_1("只有一个进程具有标记")、p_2("流程 2 没有标记")、p_3("流程 2 具有 k 值")。一个标签函数 AP 为每个状态 $\boldsymbol{v}\in \mathrm{val}(V)$ 分配一组原子命题，这些命题包含在 $\boldsymbol{v}$ 中。在有限状态系统中，可以显式枚举每个状态的标签，或者通过符号定义它们。例如，在互斥协议中，对于任何状态 $\boldsymbol{v}\in \mathrm{val}(V)$，当且仅当 $\boldsymbol{v}.x[2]=k$，$p_3\in Lab(\boldsymbol{v})$。

(2) 带有状态标签的自动机

如果将状态标签替换为转换标签，就得到了定义 6-1 中离散自动机模型的一个变体。

定义 6-1 一个带标记的过渡系统(LTS) $\mathcal{A}$ 是一个元组 $(V,\Theta,Lab,\mathcal{D})$，其中：

1) V 代表状态变量的集合。

2) $\Theta\subseteq \mathrm{val}(V)$ 是一组非空的启动状态。

3) Lab：$\mathrm{val}(V)\to 2^{AP}$ 是一个标记函数，它为每个状态分配一组原子命题。

4) $\mathcal{D}\subseteq \mathrm{val}(V)\times \mathrm{val}(V)$ 是转换的集合。

这种类型的自动机也被称为 Kripke 结构。图 6-1 展示了一个有限状态的示例。

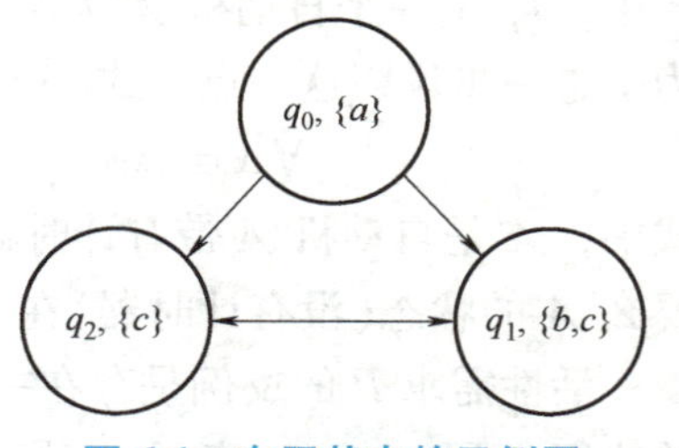

图 6-1 有限状态的示例图

状态 q_0、q_1 和 q_2 分别带有标签 $\{a\}$、$\{b,\ c\}$ 和 $\{c\}$。因为 LTS 没有过渡标签，所以定义 $\mathcal{A}$ 是一个执行状态。$\mathcal{A}$ 的执行片段或运行是一个有限或者无限序列 $\alpha=\boldsymbol{v}_0,\ \boldsymbol{v}_1,\cdots$，对于所有的 i，$(\boldsymbol{v}_i,\boldsymbol{v}_{i+1})\in\mathcal{D}$。给出一个执行 α，使用符号 $\alpha[k]$ 来表示在序列中的第 k 个状态 $\boldsymbol{v}_k$。一个执行片段 $\alpha[0]\in\Theta_0$ 被称为一次执行。$\mathcal{A}$ 的所有执行(片段)的集合，记作 $Execs_{\mathcal{A}}(Frags_{\mathcal{A}})$。从给定状态开始的执行(片段)的集合 $\boldsymbol{v}\in \mathrm{val}(V)$ 表示为 $Execs_{\mathcal{A}}(\boldsymbol{v})(Frags_{\mathcal{A}}(\boldsymbol{v}))$。

6.4.2 LTL 语法

LTL 公式是由原子命题、布尔连接词(Boolean Connectives)和特殊时域运算符构建的表达式。LTL 包含五个时态操作符：Next(**X**)表示下一步，Eventually(**F**)表示最终，Always(**G**)表示始终，Until(**U**)表示直到，Release(**R**)表示释放。LTL 公式f的语法如下：

$$\begin{aligned} f := & true \mid p \mid \neg f_1 \mid f_1 \wedge f_2 \mid f_1 \vee f_2 \mid \\ & \mid \mathbf{X} f_1 \mid \mathbf{F} f_1 \mid \mathbf{G} f_1 \mid f_1 \mathbf{U} f_2 \mid f_1 \mathbf{R} f_2 \end{aligned} \tag{6-8}$$

式中，$p \in AP$ 是原子命题；f_1 和 f_2 是 LTL 的子公式。其他逻辑运算符，例如，$\Rightarrow$、$\Leftrightarrow$和 **xor**，虽然不包括在这个语法中，但可以用 $\neg$ 和 $\wedge$ 术语来表示，因此，它们可以用来连接 LTL 的子公式。一些学者使用□和◇分别表示 Always 和 Eventually 运算符。一些正确的 LTL 公式的例子包括 $\mathbf{F}p_1$(“最终，只有一个进程有标记”)、$\mathbf{FG}p_1$(“最终总是 p_1”)、$p_1 \Rightarrow \mathbf{X}p_1$(“如果 p_1，则下一步满足 p_1”)、$p_2 \Rightarrow \Diamond \neg p_2$(“如果进程 2 持有标记，则最终它将不再持有”)。

6.4.3 LTL 语义

广义而言，任何时间逻辑公式或需求 R 都定义了一组满足 R 的信号或序列的集合 $[[R]]$。LTL 的语义通过原子命题标记的序列来定义的，在这里，将定义 LTL 的语义作为一个自动机 $\mathcal{A}$ 的执行集。给定一个状态 $\boldsymbol{v}$ 和 LTL 公式f，表示 $\boldsymbol{v} \models_{\mathcal{A}} f$ 当且仅当 $\mathcal{A}$ 的所有执行从状态 $\boldsymbol{v}$ 开始满足f。在自动机 $\mathcal{A}$ 的上下文清晰时，将 $\boldsymbol{v} \models_{\mathcal{A}} f$ 简化为 $\boldsymbol{v} \models f$。由于f由前面语法中的一个或两个 LTL 子公式构造，关系$\models_{\mathcal{A}}(\models)$的定义将对公式$f$的结构进行归纳。

定义自动机逻辑公式语义的程序如下：

$\boldsymbol{v} \models true \Leftrightarrow true$

$\boldsymbol{v} \models p \Leftrightarrow p \in Lab(q)$

$\boldsymbol{v} \models \neg f \Leftrightarrow \boldsymbol{v} \not\models f$

$\boldsymbol{v} \models f_1 \wedge f_2 \Leftrightarrow \boldsymbol{v} \models f_1$ and $\boldsymbol{v} \models f_2$

$\boldsymbol{v} \models f_1 \vee f_2 \Leftrightarrow \boldsymbol{v} \models f_1$ or $\boldsymbol{v} \models f_2$

$\boldsymbol{v} \models \mathbf{X} f \Leftrightarrow \forall \boldsymbol{v}' = val(V), (\boldsymbol{v}, \boldsymbol{v}') \in \mathcal{D}, \boldsymbol{v}' \models f$

$\boldsymbol{v} \models \mathbf{F} f \Leftrightarrow \forall \boldsymbol{\alpha} \in Frags_{\mathcal{A}}(\boldsymbol{v}), \exists i \geqslant 0, \boldsymbol{\alpha}[i] \models f_2$

$\boldsymbol{v} \models \mathbf{G} f \Leftrightarrow \forall \boldsymbol{\alpha} \in Frags_{\mathcal{A}}(\boldsymbol{v}), \forall i \geqslant 0, \boldsymbol{\alpha}[i] \models f_2$

$\boldsymbol{v} \models f_1 \mathbf{U} f_2 \Leftrightarrow \forall \boldsymbol{\alpha} \in Frags_{\mathcal{A}}(\boldsymbol{v}), \exists i \geqslant 0, \boldsymbol{\alpha}[i] \models f_2 \wedge \forall j \leqslant i, \boldsymbol{\alpha}[j] \models f_1$

$\boldsymbol{v} \models f_1 \mathbf{R} f_2 \Leftrightarrow \forall \boldsymbol{\alpha} \in Frags_{\mathcal{A}}(\boldsymbol{v}), \exists i \geqslant 0, \boldsymbol{\alpha}[i] \models f_2 \wedge \forall j \leqslant i, \boldsymbol{\alpha}[j] \models f_1$

对上述定义进行一些注释。首先，尽管在这种情况下，α 从 $\boldsymbol{v}$ 开始的 $\mathcal{A}$ 的执行片段中被量化。更一般的解释是，独立于自动机，$(\alpha : \omega \rightarrow 2^{AP})$是由 AP 的子集构成的无限序列。状态 $\boldsymbol{v}$ 被定义满足 LTL 公式 $\mathbf{X}f$，当且仅当从 $\boldsymbol{v}$ 开始的所有可能的下一个状态 $\boldsymbol{v}'$都满足f，即对于所有有效的转换$(\boldsymbol{v}, \boldsymbol{v}') \in \mathcal{D}$，都有 $\boldsymbol{v} \models f$。状态 $\boldsymbol{v}$ 满足 $f_1 \mathbf{U} f_2$，如果对于从 $\boldsymbol{v}$ 开始的每个执行片段 α，f_2 最终为真，则在那之前，f_1 成立。**U** 也被称为强直到(Strong Until)运算符，为了突

出这个解释，f_2 在未来的某个时刻确实成立。相比之下，一个弱直到(**W**)运算符不需要 f_2 出现。状态 $\boldsymbol{v}$ 满足 $f_1\mathbf{R}f_2$ iff f_1 必须为真，直到包括 f_2 第一次为真的时间点；如果 f_2 永远不为真，那么 f_1 必须永远保持为真。如果每次执行时，自动机 $\mathcal{A}$ 都满足 LTL 公式 f，$\alpha\in Execs_{\mathcal{A}}$，满足 f。因此，$[[f]]=\{\alpha\in Execs_{\mathcal{A}}|\alpha|=f\}$。

这个时态操作符集合中存在冗余，因为任何 LTL 公式 f 都可以转化为只使用 **X** 和 **U** 运算符的语义等价公式 f'。语义等价意味着对于任何状态 $\boldsymbol{v}$，$\boldsymbol{v}\models f$ iff $\boldsymbol{v}\models f'$，并且 f' 仅使用时态运算符 **X** 和 **U**。如可以简单地检查以下内容：

$$\begin{aligned}\Diamond f &\equiv true\mathbf{U}f\\ \Box f &\equiv \neg\,(true\mathbf{U}\neg\, f)\end{aligned}\tag{6-9}$$

常见的 LTL 习语为“Always，eventually f”，或者 $\Box\Diamond f$ 表示从执行过程中的任意一点开始，f 最终会成立，即 f 无限经常地成立。

离散和混合自动机的 LTL 语义。如果所有的执行片段都是从 $\mathcal{A}$ 所规定的属性的每个启动状态 $\boldsymbol{\Theta}$ 开始，则满足 LTL 公式，即 $\mathcal{A}$ 匹配该公式规定的属性。也就是说，$\mathcal{A}\models f$ iff $\forall \boldsymbol{v}_0\in\boldsymbol{\Theta}$，$\boldsymbol{v}_0\models f$。对于图 6-2 中的自动机，满足 $f_1:=\Diamond\Box c$，$\mathcal{A}\models f_1$ 和 $f_2:=\Diamond\Box b$，$\mathcal{A}\not\models f_2$。一般来说，$\mathcal{A}\not\models f$ 不等同于 $\mathcal{A}\models\neg f$，因为可能 $\mathcal{A}\not\models f$ 的一些执行满足 f，而其他不满足。

LTL 语言的定义稍作修改即可应用于混合自动机。首先，原子命题的作用是由状态谓词决定的。给定混合自动机 $\mathcal{A}=(V,\Theta,A,\mathcal{D},\mathcal{J})$，让 $P_1,\cdots,P_k\subseteq \mathrm{val}(V)$ 作为一组谓词。然后，如果 $\boldsymbol{v}\in P_i$，状态 $\boldsymbol{v}\in \mathrm{val}(V)$ 标记为 P_i。其次，$\mathcal{A}$ 的执行 α 随时间的推移而演变，在 LTL 语义定义中，没有下一步或第 i 步的概念。解决方法是：给定无限、发散的采样时间序列 t_0，t_1，…和开放的执行 α，可以定义 $\alpha[i]=\alpha(i_i)$。使用 α 的抽样版本，可以定义 $\alpha\models f$，就像为离散自动机定义一样。

6.5 验证不变量

不变量描述了信息物理系统的一些最基本、最常见的要求。粗略地说，系统 $\mathcal{A}$ 的不变量 I 是一个始终成立的需求(即在 $\mathcal{A}$ 的任何执行中都不会违反 I)。本节将讨论验证混杂自动机不变性质的技术。这些验证技术可用于手动证明、部分自动化证明或全自动验证，具体取决于各个步骤的实现方式。下面将探讨不变量和障碍证明之间的关系，并研究应用实例，如 Fischer 分布式协议中的互斥分析以及直升机的安全分析。

首先，对于具有变量集合 V 和状态空间 $\mathrm{val}(V)$ 的混杂自动机 $\mathcal{A}=(V,\Theta,A,\mathcal{D},\mathcal{J})$，不变量 I 是 $\mathrm{val}(V)$ 的一个子集，使得 $\mathcal{A}$ 的所有可达状态都包含在 I 中。也就是说，$\mathcal{A}$ 的任何执行都不会违反 I。这也可以表示为 $\mathrm{Reach}_{\mathcal{A}}\subseteq I$。不变量通常表示为 V 的谓词。如何证明一个给定的谓词 I 是 $\mathcal{A}$ 的不变量，这就是不变量验证问题。

一种直接的方法是计算系统 $\mathcal{A}$ 的可达状态集 $\mathrm{Reach}_{\mathcal{A}}$，并检查它是否包含在 I 中。实际上，对于某些类的混杂自动机，$\mathrm{Reach}_{\mathcal{A}}$ 可以计算，或者可以过度逼近有界时间可到达集 $\mathrm{Reach}_{\mathcal{A}}(\Theta,T)$。因此，这种策略可用于自动证明这些类的不变量或有界时间不变量。

在直接计算 $\mathrm{Reach}_{\mathcal{A}}$ 不可能实现或不切实际的情况下，如何验证 I 是 $\mathcal{A}$ 的不变量？显然，Θ 的起始状态应该包含在 I 中。但仅此还是不够，因为从 $\Theta\subseteq I$ 开始，$\mathcal{A}$ 可以通过离散的转

移和轨迹访问 I 之外的状态。如果能找到一个集合 $I'\subseteq I$，使得从 I' 出发，系统 $\mathcal{A}$ 的每个转移和轨迹都保持在集合 I' 中(也就是说，I' 在 $\mathcal{D}$ 和 $\mathcal{T}$ 下是封闭的)，可以很容易地证明，如果这样的 I' 也包含初始状态，那么 I' 就是 $\mathcal{A}$ 的不变量。此外，因为 $I'\subseteq I$，它是一个比 I 更强的不变量。下面将从一般混杂输入/输出自动机(HIOA)的角度精确地阐述这些论点。

定义 6-2　令 $\mathcal{A}$ 是一个具有内部变量集 $\boldsymbol{x}$ 的混合输入/输出自动机(HIOA)。在 $\boldsymbol{x}$ 上的谓词 I 是 $\mathcal{A}$ 的一个归纳性质，有：

1）对于 $\mathcal{D}$ 中的任何转移 $\boldsymbol{x}\xrightarrow{a}\boldsymbol{x}'$，如果 $\boldsymbol{x}\in I$ 则 $\boldsymbol{x}'\in I$。

2）对于任何轨迹 $\tau\in\mathcal{T}$，如果 $\tau.\text{fstate}\in I$ 则 $\tau.\text{lstate}\in I$。

通过对 $\mathcal{A}$ 的执行长度进行归纳，可以证明任何从 I 开始的执行都会停留在 I 中。所有 $\mathcal{A}$ 的起始状态都满足的归纳性质是一个不变量，称为归纳不变量。

定理 6-1　给定一个混杂输入/输出自动机 $\mathcal{A}$，如果状态集 $I\in val(\boldsymbol{x})$ 满足以下条件：

1）起始条件：对于任何起始状态 $\boldsymbol{x}\in\Theta$，都有 $\boldsymbol{x}\in I$。

2）转移闭合：对于任何动作 $a\in A$，如果 $\boldsymbol{x}\xrightarrow{a}\boldsymbol{x}'$ 且 $\boldsymbol{x}\in I$，则 $\boldsymbol{x}'\in I$。

3）轨迹闭合：对于任何轨迹 $\tau\in\mathcal{T}$，如果 $\tau.\text{fstate}\in I$，则 $\tau.\text{lstate}\in I$。

那么，I 是 $\mathcal{A}$ 的归纳不变量。

证明：只需证明 $\text{Reach}_{\mathcal{A}}\subseteq I$。考虑任何可达状态 $\boldsymbol{x}\in\text{Reach}_{\mathcal{A}}$，根据可达状态的定义，存在一个 $\mathcal{A}$ 的执行 α，使得 $\alpha.\text{lstate}=\boldsymbol{x}$。可以通过执行 α 的长度进行归纳。对于基本情况，α 由一个单一起始状态 $\boldsymbol{x}\in\Theta$ 组成，根据起始条件，$\boldsymbol{x}\in I$。对于归纳步骤考虑以下两个子情况。

情况 1：$\alpha=\alpha' a\boldsymbol{x}$，其中 a 是 $\mathcal{A}$ 的一个动作。根据归纳假设，知道 $\alpha'.\text{lstate}\in I$，并根据转移闭合性质，可以得到 $\boldsymbol{x}\in I$。

情况 2：$\alpha=\alpha'\tau$，其中 τ 是 $\mathcal{A}$ 的一个轨迹，且 $\tau.\text{lstate}=\boldsymbol{x}$。根据归纳假设，$\alpha'.\text{lstate}\in I$，并根据轨迹闭合性质，可以推断出 $\tau.\text{lstate}=\boldsymbol{x}\in I$。

定理 6-1 中的转移条件和轨迹闭合条件共同意味着 I 是 $\mathcal{A}$ 的一个归纳属性或集合。归纳不变量非常强大，因为可以通过检查局部轨迹和转移条件来证明 $\mathcal{A}$ 执行的全局属性。为了应用定理 6-1，通常要通过考虑混杂自动机 $\mathcal{A}$ 的动作类型和模态来逐个检查这些条件。对于具有不可计数的转移和轨迹的模型，这些检查通常可以在有限集合上进行符号化，以覆盖所有的 $\mathcal{D}$ 和 $\mathcal{T}$。

接下来，总结验证自动机 $\mathcal{A}$ 的不变量 I 的整体方法。第一步是找到 $\mathcal{A}$ 的一个归纳不变量 I'，第二步是证明 $I'\Rightarrow I$。对于涉及非线性、混合开关、延迟或参数的模型，完全自动地找到归纳不变量 I' 可能具有一定挑战。在实践中，这一步需要根据对系统行为的洞察进行反复试验。对于有限类别的模型，可以利用一些技术进行自动搜索，一旦找到了候选归纳不变量 I'，就可以使用定理 6-1 来验证它。

Floyd-Hoare(弗洛伊德-霍尔)逻辑　归纳不变量的核心思想可以追溯到称为 Floyd-Hoare 式验证的经典的程序分析技术。Hoare 逻辑，也称为 Floyd-Hoare 逻辑或 Hoare 规则，提供了一套逻辑规则，用于严格推导自动机、标记转移系统或程序的正确性。该逻辑建立在 Hoare 三元组概念上，描述了语句(或代码行)的执行如何改变自动机的状态。

Hoare 三元组的形式为 $\{P\}c\{Q\}$，其中 $\{P\}$ 和 $\{Q\}$ 是关于程序变量的谓词，称为前置条件和后置条件；c 是描述程序变量变化的语句。总体而言，三元组意味着当前置条件 P 满足时，c 的执行会建立后置条件 Q。Hoare 逻辑及其后继者提供了公理和推理规则，各种编程语言构造可以利用这些公理和推理规则从三元组中推断出属性。自动机规范语言中的先决条件和效应可视为单个过渡的前置-后置条件。

6.6 使用归纳不变量进行推理

本节将讨论不变量和归纳不变量的几个方面。

命题 6-1 并非所有不变量都是归纳不变量。

考虑熟悉的 Bouncing Ball 混杂自动机，它模拟了一个弹跳球的运动情况。小球从初始高度 $x=h$ 处落下，在重力 g 的作用下，以恢复系数 $c<1$ 在地面($x=0$)上弹跳。下面证明小球的一个显而易见的性质，即它的高度保持在区间$[0,h]$内。

Bouncing Ball 混杂自动机程序如下：

```
automaton Bouncing Ball(c:Real)where c<1
  actions                           transitions
  internal bounce                     internal bounce
                                      pre x=0 ∧ v<0
  variables                           eff v:=-c v;k:= k+1
    internal x:Real:=h
      v:Real:=0                     transitions
      k:Nat:=0                        fall
                                      evolve d(x)=v;d(v)=-g
                                      invariant x≥0
```

显然，

$$I_1:=0\leqslant x\leqslant h \tag{6-10}$$

是 Bouncing Ball 混杂自动机的不变量，但 I' 不是一个归纳不变量。要证明这一点，考虑从 I' 开始的任何轨迹 τ。尽管 $\tau.\mathrm{fstate}\in I_1$(即 $0\leqslant\tau.\mathrm{fstate}\leqslant h$)，但这并不意味着 $\tau.\mathrm{lstate}\in I_1$，因为 $\tau.\mathrm{fstate}$ 时球的初始速度是不受限制的，可能是正的。

相反，可以很容易地检查谓词

$$I_0:=x\geqslant 0 \tag{6-11}$$

是归纳不变量，但这样做并没有什么用处。为了证明 I_1，必须找到一个能够充分反映速度信息的归纳不变量。通过牛顿运动定律进行计算，并引入一个计算弹跳次数的辅助变量 k，可以得到一个更复杂的不变量，它将速度与高度及弹跳次数关联起来，即

$$I_2:=v^2-2g(hc^{2k}-x)=0 \tag{6-12}$$

6.7 Fischer 互斥

互斥是分布式计算中的一个核心概念，它确保了在任何给定时刻，最多只有一个进程能

够访问共享资源。这种机制对于维护数据的一致性和防止竞态条件是至关重要的。

Fischer 提出了一种创新的基于时间的协议来解决互斥问题。在这一协议中，参与此协议的每个进程 i 都有一个内部的停止表($timer_i$)。基于 Fischer 协议的互斥机制的程序描述为：

```
type ID:enumeration[1,...,n]
type IDB:enumeration[1,...,n,⊥]
type PCVal:enumeration[sleeping,
        trying,waiting,critical]

variables
  g:IDB:=  ⊥

automation Fischer_i(ρ,a,b:Real)
  actions
    internal wake_i,try_i,enter_i,exit_i

variables
  internal pc_i:PCVal:=sleeping
  internal timer_i:Real:=0

transitions
  internal wake_i
  pre pc_i=sleeping
  eff if g=⊥ then
      pc_i:=trying
      timer_i:=0

  internal try_i
  pre pc_i=trying
  eff pc_i:=waiting
     timer_i:=0
     g:=i

  internal enter_i
  pre pc_i=waiting ∧ timer_i≥(1-ρ)b/(1-3ρ)
  eff if g=i then
       pc_i:=critical
      else pc_i:=sleeping
       timer_i:=0

  internal exit_i
  pre pc_i=critical
   eff pc_i:=sleeping
       g:=  ⊥
       timer_i:=0

trajectories
 mode sleeping
  d(timer_i)=0
   Invariant pc_i=sleeping

 mode trying
  (1-ρ)≤d(timer_i)≤(1+ρ)
  invariant pc_i=trying ∧ timer_i≤a

 mode waiting
  (1-ρ)≤d(timer_i)≤(1+ρ)
  invariant pc_i=waiting

 mode critical
  (1-ρ)≤d(timer_i)≤(1+ρ)
  invariant pc_i=critical
```

此外，所有进程共享一个单一的内存变量 g。停止表可能会不准确且会发生漂移，共享

变量 g 是一个原子读写内存，可以在其中存储进程标识符，其详细规格如图 6-2 所示。进程在这一协议下会经历几个阶段：首先是睡眠阶段，然后是尝试阶段，接着是等待阶段，最终进入关键阶段，此时进程将获得对资源的独占访问权。整个系统模型由一个混合自动机集合 Fischer_i 组成，其中 $i \in \{1,\cdots,n\}$，表示系统中的进程数量。离散变量 g 的类型为 $\{\perp,1,2,\cdots,n\}$，其中 $\perp$ 表示没有进程持有资源，而 1，2，…，n 则代表不同的进程标识符。这样的设计不仅保证了互斥性，而且确保了所有请求访问资源的进程最终都能获得访问权。

接下来强调 Fischer_i 协议的一些关键点，参数 $\rho \in (0,1)$ 是各个进程时钟的最大漂移率；参数 a 和 b 在确保互斥方面起着至关重要的作用，这里有两个内部变量：pc_i 是程序计数器，它跟踪进程 i 所处的阶段；$timer_i$ 是停止表。pc_i 变量类似于简单混合自动机中的 loc 变量，而 Fischer_i 协议的阶段对应于模态或位置。

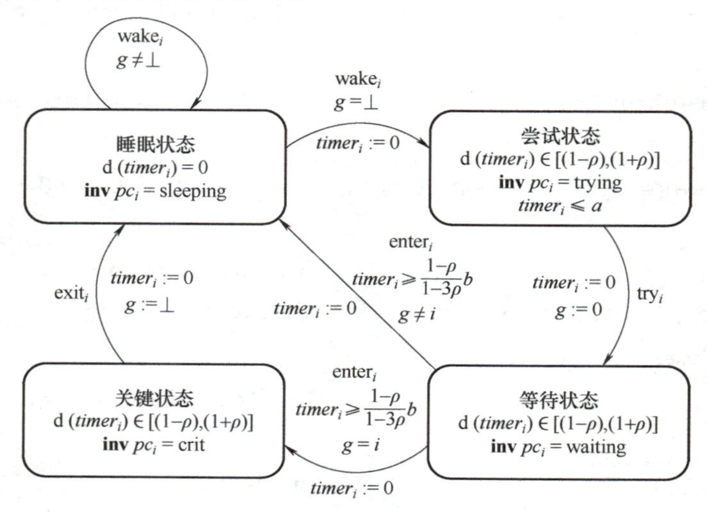

图 6-2 Fischer 基于时间的混合自动机模型

Fischer_i 协议包含四个内部动作：唤醒、尝试、进入和退出。它们定义了从一个阶段移动到下一个阶段的规则。例如，进程 i 只有在全局变量 g 为 $\perp$ 时才从睡眠状态移动到尝试状态，当它这样做时，$timer_i$ 被重置；否则，唤醒转换不会改变系统的状态。在 a 个时间单位内（由 $timer_i$ 测量），进入尝试状态的 Fischer_i 协议可能会执行尝试转换以移动到等待状态，然后将 g 设置为 i 并将 $timer_i$ 设置为零。注意，Fischer_i 协议只允许以原子方式读取或写入 g，因此不能在单个转换中模拟两者。只有当 $g=i$ 时，Fischer_i 协议可以在 $b(1-\rho)/(1-3\rho)$ 时间后随时从等待状态移动到关键状态；否则，它会返回到睡眠状态并重置计时器。一旦关键资源被访问，Fischer_i 协议执行退出以离开关键阶段，将 g 重置为 $\perp$，并将计时器设置为 0。

当 Fischer_i 协议处于睡眠状态时，$timer_i$ 停止；在其他所有阶段，它以一种不精确的方式进行时间跟踪。这种时间跟踪的不精确性可以通过微分来描述：

$$(1-\rho) \leqslant \mathrm{d}(timer_i) \leqslant (1+\rho) \tag{6-13}$$

这种动态意味着对于 Fischer_i 协议的任何轨迹 ξ，$(\xi \downarrow timer_i)$ 是一个连续函数，并且在任何时间 t，有下式成立：

$$\begin{cases} (\xi \downarrow pc_i)(t) = (\xi \downarrow pc_i)(0) \\ (\xi \downarrow pc_i)(0) + (1-\rho)t \leqslant (\xi \downarrow pc_i)(0) \leqslant (\xi \downarrow pc_i)(0) + (1+\rho)t \end{cases} \tag{6-14}$$

式(6-13)将轨迹定义为微分方程的解。接下来，固定参数 n、ρ、a 和 b。设 $\mathcal{A}=\text{Fischer}_1\|\cdots\|\text{Fischer}_n$ 为组合的混合自动机。因此，$\mathcal{A}$ 描述了一个分布式的网络物理系统，该系统有 n 个并发进程，每个进程都有自己的漂移时钟，并通过共享内存进行通信。观察到 $\mathcal{A}$ 具有由离散转换和漂移时钟轨迹中的选择引起的不确定性。下一节将使用归纳不变量(定理 6-1)和归纳加强的方法来建立 $\mathcal{A}$ 的关键安全属性。

6.8　不通过求解 ODE 来证明归纳不变量

根据上述分析，可以知道定理 6-1 的应用性存在一定的局限性。它通常适用于那些能够获得轨迹的明确且封闭形式的解析描述的情况。具体来说，需要一个用 τ. fstate 和 τ. dur 表示 τ. lstate 的表达式。然而，当轨迹是通过微分方程来隐式定义的时候，这样的显式解可能是难以获得的。在动态系统和混合系统的分析中要避免这种需要显式、封闭形式的微分方程解的困难步骤，只要有可能，将采用那些不需要显式解的分析方法。

一个自然的想法是查看不变量集 I 的边界(或 I 中包含的某个集合的边界)，并证明系统的轨迹不能逃离或穿透这个边界。这个条件可以通过边界和动态函数(即向量场)之间的关系来表述，而不需要依赖于向量场的解。引理 6-1 提供了一个充分条件，允许在不需要显式解的情况下，检查定理 6-1 中的轨迹条件是否满足。

引理 6-1　考虑状态变量 x 的常微分方程 $\dot{x}=f(x)$。设 $I\subseteq \text{val}(x)$ 是包含初始集 Θ 的紧致子集。如果对于 I 边界上每个状态 x，向量 $f(x)$ 指向边界内部，那么，I 就是这个 ODE 的归纳不变量。

如果边界由曲线 $F(\boldsymbol{x})=0$ 给出，那么“指向内部”的要求称为次切线条件，可以写成：

$$\frac{\partial F(x)}{\partial x}\cdot f(x)\geqslant 0 \tag{6-15}$$

这个边界也称为屏障。应用这个条件需要计算边界曲线 F 的偏导数，以及结果向量与 f 定义的向量场的点积。它不涉及 ODE 的解。

引理 6-1 在验证多个复杂的网络物理系统方面发挥了重要作用，其中包括 Mitra 等人研究的桌面直升机臂案例。这里提供一个分析摘录，详细说明了该方法如何被用于分析直升机系统的俯仰动力学。直升机系统的俯仰动力学由以下微分方程所描述：

$$\begin{cases}\dot{\theta}=\omega\\ \dot{\omega}=-\Omega^2\cos\theta+u\end{cases} \tag{6-16}$$

式中，θ 代表俯仰角(rad)；ω 是俯仰速度(rad/s)；u 是输入给直升机的控制推力(N)。该系统的关键安全要求是俯仰角 θ 不超过某些硬限制，即 $-\theta_{\min}\leqslant\theta\leqslant\theta_{\max}$，其中 $\theta_{\min}$，$\theta_{\max}<\pi/2$ 是硬限制。为了证明这个不变量，首先构建一个边界 F，如图 6-3 所示。注意，由 F 定义的区域意味着给定的安全要求。此外，初始状态($\theta=0,\omega=0$)在由 F 定义的区域内。这里，边界由四个函数 F_1、F_2、F_3、F_4 定义，构建时必须检查相对于每个函数的次切线条件。

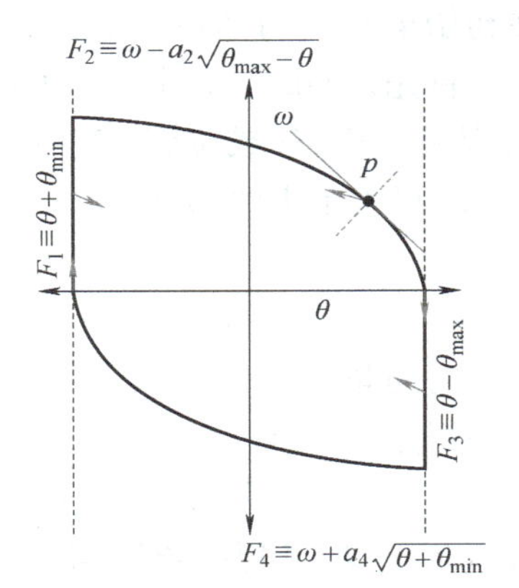

图 6-3　直升机模型的一个不变集

为了检查轨迹条件，下面验证方程式(6-14)是否满足引理6-1的次切线条件。首先，考虑 F_1 边界上的任何状态 x，且满足 $\boldsymbol{x}\lceil\omega>0$。显然，$\theta$ 的微分方程右侧为正，因此在 $\boldsymbol{x}$ 处的向量场指向内部。类似地，对于 F_3 边界上的任何状态 $\boldsymbol{x}$，且满足 $\boldsymbol{x}\lceil\omega<0$，其中 $\boldsymbol{x}\lceil\theta$ 是负的，向量场指向内部。假设控制推力 $u>\Omega^2$ 和 $u<-\Omega^2$ 分别在俯仰值 $\theta=-\theta_{\min}$ 和 $\theta=\theta_{\max}$ 处，可以得出向量场在 $(-\theta_{\min},0)$ 和 $(\theta_{\max}=0)$ 处分别向上和向下指。因此，F_1 和 F_3 上的所有点都满足次切线条件。接下来，为了检查 F_2 处的次切线条件，将边界写成一个向量值参数化曲线：

$$F(\boldsymbol{x})=(\boldsymbol{x}\,|\,\theta)i+\left(a_2\sqrt{\theta_{\max}-\boldsymbol{x}\,|\,\theta}\right) \tag{6-17}$$

式中，在 $\boldsymbol{x}$ 处的切向量通过计算 $\frac{\partial F(\boldsymbol{x})}{\partial\theta}=i-\frac{a_2}{2\sqrt{\theta_{\max}-\boldsymbol{x}\lceil\theta}}j$ 获得，内法向量是 $N(\boldsymbol{x})=\frac{a_2}{2\sqrt{\theta_{\max}-\boldsymbol{x}\lceil\theta}}i+j$。次切线条件相当于检查沿边界的法向量和向量场的标量积为正，即

$$N(\boldsymbol{x})\cdot f(\boldsymbol{x})=\frac{a_2\boldsymbol{x}\,|\,\omega}{2\sqrt{\theta_{\max}-\theta}}-\Omega^2\cos\boldsymbol{x}\,|\,\theta+u>\frac{a_2\boldsymbol{x}\,|\,\omega}{2\sqrt{\theta_{\max}-\theta}} \tag{6-18}$$

假设 $u>\Omega^2$，并且因为 $\omega>0$ 和 $\theta_{\max}>\theta$，右侧为正，因此次切线条件得到满足。F_4 边界的检查可以以类似的方式进行。

对于混合自动机模型，必须对系统的所有模态进行次切线条件的检查。接下来将提出一个通用条件，用于验证混合系统相对于不安全集的安全性，其中每个模态都配备了自己的屏障证书。

6.9 屏障验证

屏障验证是一种构建相对于不安全集 U 的安全证明方法，它结合了定理6-1和引理6-1的无解轨迹条件检查。这种方法的核心在于寻找一个屏障函数 B：$\mathrm{val}(X)\to\mathbb{R}$，其零水平集在初始集 Θ 的可达集与不安全集 U 之间形成分界。

首先，回顾下一个简单的混合系统 $\mathcal{A}=(V,\Theta,A,\mathcal{D},\mathcal{J})$，其变量集为 $V=X\cup\{loc\}$，其中 loc 是特殊模态（或位置）变量；$\mathrm{type}(loc)=L$，L 为所有模态或位置的集合。任意状态 $\boldsymbol{v}\in\mathrm{val}(V)$ 可表示为两部分：$\boldsymbol{v}\lceil X$ 和 $\boldsymbol{v}\lceil loc$，即 (x,ℓ)。假设模态 ℓ 下的轨迹由微分方程 $\dot{x}=f_\ell(x)$ 定义。

屏障函数在不安全集 U 上为正，在初始集 Θ 上是非正的，并且在边界处相对于每个模态 ℓ 的向量场 f_ℓ 满足次切条件。每个混合自动机的模态 $\ell\in L$ 都可以有其自己的屏障 B_ℓ 的一部分。注意，$\Theta_\ell\triangleq\{\boldsymbol{x}\in\Theta\,|\,\boldsymbol{x}\lceil loc=\ell\}$ 是初始集受限于模态 ℓ 的部分。

定理6-2 设 $\mathcal{A}=(V,\Theta,A,\mathcal{D},\mathcal{J})$ 是一个简单的混合自动机，其中 $V=X\cup\{loc\}$，$\mathrm{type}(loc)=L$，以及不安全集 $U\subseteq\mathrm{val}(V)$。假设存在一个集合 $\{B_\ell(\boldsymbol{x})\}$，使得对于所有 $\ell\in L$，B_ℓ：$\mathrm{val}(X)\to\mathbb{R}$ 是可微的，并且满足以下条件：

1）（起始条件）对于任何起始状态 $\boldsymbol{v}\in\Theta_\ell$，$B_\ell(\boldsymbol{x})\leqslant0$。

2）（不安全条件）对于任何不安全状态 $\boldsymbol{v}\in U_\ell$，$B_l(\boldsymbol{x})>0$。

3）（转移条件）对于任何转移 $(\boldsymbol{x},\ell)\xrightarrow{a}(\boldsymbol{x}',\ell')$，$B_\ell(\boldsymbol{x})\leqslant0\Rightarrow B'_\ell(\boldsymbol{x}')\leqslant0$。

4)（流动条件）对于任何状态 $\boldsymbol{x}\in I_\ell$ 在边界上，如果 $B_\ell(\boldsymbol{x})=0$，则 $\dfrac{\partial_\ell}{\partial \boldsymbol{x}}f_\ell(\boldsymbol{x})\leqslant 0$。那么，$\mathcal{A}$ 相对于 U 是安全的，即 $\mathrm{Reach}_{\mathcal{A}}\cap U=\varnothing$。

证明： 假设 $\{B_\ell\}$ 满足上述给出的条件。只需展示在任何可达状态 $(\boldsymbol{x},\ell)$ 下，$B_\ell(\boldsymbol{x})\leqslant 0$。任何起始状态都满足起始条件。考虑从 $(\boldsymbol{x},\ell)$ 出发的任何轨迹 τ，其中 $B_\ell(\boldsymbol{x})\leqslant 0$，并考虑沿着这条轨迹 $B_\ell(\tau(t)\lceil X)$ 的演变。流动条件意味着 $B_\ell(\tau(t)\lceil X)$ 不能变为正数。最后，转移条件意味着从任何可达状态 $(\boldsymbol{x},\ell)$ 出发，且满足 $B_\ell(\boldsymbol{x})\leqslant 0$，$\mathcal{A}$ 的任何转移都不能穿过 $B_{\ell'}(\boldsymbol{x}')=0$ 的屏障。因此，$\mathcal{A}$ 的安全性得以保持。

本章小结

本章深入探讨了信息物理系统（CPS）的安全性验证，旨在确保系统行为的准确性及其与设计需求和安全标准的一致性。首先，本章界定了系统行为“正确性”的含义，并详细分析了 ISO 26262 等现行安全标准，这些标准为开发安全关键型系统提供了关键的指导和流程。然后，本章引入了不变量的概念，这是一种数学工具，用于描述系统属性，并探讨了时态逻辑，尤其是线性时态逻辑（LTL）在精确表达系统属性方面的应用。LTL 作为一种形式化语言，使我们能够简洁地描述系统行为的复杂需求，包括不变性和活性需求。随后，文章还讨论了可达性分析和模型验证方法，这些方法用于验证系统是否满足特定的安全属性。通过智能汽车自动紧急制动系统和自主航天器交汇分析的案例研究，文章展示了形式化验证方法在实际应用中的有效性，进一步证实了本章介绍的验证技术。最后，本章还详细介绍了 LTL 的语法和语义，探讨了如何利用 LTL 表达复杂的系统需求，并介绍了不变量证明的基本概念，包括归纳不变量和 Floyd-Hoare 逻辑。这些工具和方法为验证信息物理系统的安全性和正确性提供了坚实的理论基础和实践指导。

练习题

6-1　将五种交通安全规则写成不变量，列出涉及的状态变量的语句和相应的变量。

6-2　如果 I_1，$I_2\subseteq \mathrm{val}(V)$ 是 $\mathcal{A}$ 的不变量，证明 $I_1\cup I_2$ 和 $I_1\cap I_2$ 也是不变量。

6-3　编写五个可作为进度需求的进度规则，给出涉及的状态变量的语句和相应的变量。

6-4　构造一个有限的自动机 $\mathcal{A}$ 和两个进度预测 P_1 和 P_2，这样 $\mathcal{A}$ 满足进度要求 P_1 和 P_2，但不满足 $P_1\wedge P_2$。

6-5　编写可捕获以下交通灯属性的 LTL 公式。使用原子命题 r、y 和 g，它们对应于红、黄、绿灯：

1）在任何给定的时间步长内都只有一个灯亮。

2）最终，绿灯亮。

3）总是，绿灯最终会打开。

4）在红灯之后，至少有三个黄灯的时间步长，然后灯变成绿色。

6-6　证明以下恒等式：

(1) $\Diamond\Diamond f \equiv \Diamond f$

(2) $\Box\Box f \equiv \Box f$

(3) $\neg\,\mathbf{X} f \equiv \mathbf{X} \neg f$

(4) $\neg\,\Diamond f \equiv \Box \neg f$

(5) $\neg\,\Box f \equiv \Diamond \neg f$

(6) $f_1 \mathbf{U} f_2 \equiv f_2 \vee (f_1 \wedge \mathbf{X}(f_1 \mathbf{U} f_2))$

(7) $\Diamond f_1 \equiv \Diamond f_1 \vee \mathbf{X} \Diamond f_1$

(8) $\mathbf{X}(f_1 \mathbf{U} f_2) \equiv (\mathbf{X} f_1) \mathbf{U} (\mathbf{X} f_2)$

(9) $\Diamond(f_1 \vee f_2) \equiv \Diamond f_1 \vee \Diamond f_2$

(10) $\Box(f_1 \wedge f_2) \equiv \Box f_1 \wedge \Box f_2$

6-7 给出了以下恒等式的反例自动机：

(1) $\Diamond(f_1 \wedge f_2) \not\equiv \Diamond f_1 \wedge \Diamond f_2$

(2) $\Box(f_1 \vee f_2) \not\equiv \Box f_1 \vee \Box f_2$

参考文献

[1] PETERSON G L, FISCHER M J. Economical solutions for the critical section problem in a distributed system [C]//Proceedings of the ninth annual ACM symposium on Theory of computing. Boulder: ACM, 1977: 91-97.

[2] MITRA S, WANG Y, LYNCH N, et al. Safety verification of model helicopter controller using hybrid input/output automata[C]//International Workshop on Hybrid Systems: Computation and Control. Prague: Springer, 2003: 343-358.

[3] FALCONE Y, MARIANI L, ROLLET A, et al. Lectures on runtime verification: introductory and advanced topics[J]. 2018.

[4] BARTOCCI E, DESHMUKH J, DONZÉ A, et al. Specification-based monitoring of cyber-physical systems: a survey on theory, tools and applications[J]. Lectures on Runtime Verification: Introductory and Advanced Topics, 2018: 135-175.

[5] FLOYD R W. Assigning meanings to programs[M]//Program verification: fundamental issues in computer science. Dordrecht: Springer Netherlands, 1993: 65-81.

[6] MITRA S, CHANDY K M. A formalized theory for verifying stability and convergence of automata in PVS[C]//International Conference on Theorem Proving in Higher Order Logics. Montreal: Springer, 2008: 230-245.

[7] FAN C, QI B, MITRA S. Data-driven formal reasoning and their applications in safety analysis of vehicle autonomy features[J]. IEEE design & test, 2018, 35(3): 31-38.

[8] ALTINGER H, WOTAWA F, SCHURIUS M. Testing methods used in the automotive industry: results from a survey[C]//Proceedings of the 2014 Workshop on Joining AcadeMiA and Industry Contributions to Test Automation and Model-Based Testing. San Jose: ACM, 2014: 1-6.

[9] RANA R, STARON M, BERGER C, et al. Early verification and validation according to iso 26262 by combining fault injection and mutation testing[C]//Software Technologies: 8th International Joint Conference, ICSOFT 2013, Reykjavik, Iceland, July 29-31, 2013, Revised Selected Papers 8. Reykjavik: Springer, 2014: 164-179.

[10] FABRIS S. Method for hazard severity assessment for the case of undemanded deceleration[J]. TRW Automotive, Berlin, 2012.
[11] PLAKU E, KAVRAKI L E, VARDI M Y. Falsification of LTL safety properties in hybrid systems[J]. International Journal on Software Tools for Technology Transfer, 2013, 15(4): 305-320.
[12] PRAJNA S, JADBABAIE A. Safety verification of hybrid systems using barrier certificates[C]//International Workshop on Hybrid Systems: Computation and Control. Philadelphia: Springer, 2004: 477-492.
[13] YOUNG W, BOEBERT W, KAIN R. Proving a computer system secure[J]. Scientific Honeyweller, 1985, 6(2): 18-27.

第7章　信息物理系统设计与应用

导读

在信息技术与物理系统深度融合的背景下，信息物理系统(CPS)已成为引领智能化转型的核心力量。本章致力于深入探讨CPS在自动驾驶车辆、多机器人协作系统、多旋翼飞行器和自主航天器中的应用，并细致剖析这些领域的系统设计原理与实战案例。在自动驾驶车辆的监督控制模型部分，首先建立其运动模型，随后设计控制器并构建混杂模型，最终对运动进行分析评估，以验证控制策略的有效性。在多机器人协同避障部分，将探讨如何在共享空间中实现多机器人的高效协作，既完成各自任务，又避免相互碰撞。这一内容涵盖机器人间通信、协调策略以及在确保任务效率的同时保障安全的具体方法。接着，本章对多旋翼飞行器的安全决策设计进行深入研究，包括安全飞行的需求分析、飞行状态与模态的定义，以及自主决策系统的构建，以保障飞行安全。最后，本章探讨了自主航天器交会应用。

本章知识点

- 自动驾驶车辆监督控制
- 多机器人协同避障
- 多旋翼安全决策设计
- 自主航天器交会

7.1　自动驾驶车辆监督控制

一个控制系统通常由以下四个核心部分组成：被控对象(即需要控制的物理过程)、被控对象运行的环境、用于测量被控对象及其环境中某些变量的传感器，以及负责决定模态转换结构并选择基于时间输入的控制器。控制器进一步细分为两个层级：监督控制器和底层控制器。其中，监督控制器负责确定模态转换结构，即决定应采用的控制策略；而底层控制器则根据选定策略生成具体的时间输入来作用于被控对象。混杂系统非常适合对这种双层控制器进行建模，下面通过一个具体示例来说明这一点。

假设一辆自动驾驶车辆沿仓库或厂房地面上的封闭轨道移动，如图 7-1 所示。目标是设计一个控制器，使车辆紧贴轨道运行。车辆具有两个自由度：在任意时刻，车辆可以沿车身轴线以速度 $u(t)$（$0\leqslant u(t)\leqslant 10\text{m/h}$）向前移动，同时可以以角速度 $\omega(t)$（rad/s）绕其重心旋转。为了简化问题，此处忽略车辆的惯性，假设车辆的速度和角速度可以瞬时改变。

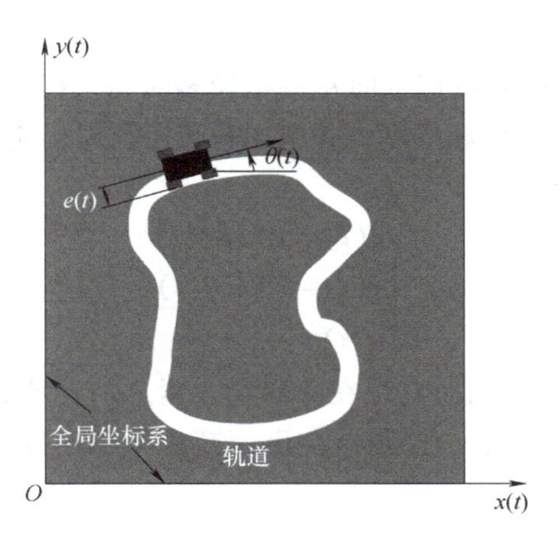

图 7-1　车辆监督控制示意图

7.1.1　车辆运动模型建立

设 $(x(t),y(t))\in\mathbb{R}^2$ 为车辆在某固定坐标系中的位置，$\theta(t)\in(-\pi,\pi]$ 为车辆在时刻 t 的朝向角度（rad）。在该坐标系下，车辆的运动可由以下微分方程组描述：

$$\begin{cases}\dot{x}(t)=u(t)\cos\theta(t)\\ \dot{y}(t)=u(t)\sin\theta(t)\\ \dot{\theta}(t)=\omega(t)\end{cases}\tag{7-1}$$

7.1.2　车辆监督控制器设计

车辆通常以每小时 10m/h 的最大速度行驶。当车辆偏离轨道时，控制器会及时介入进行调整：当车辆向左偏离轨道过多时，控制器会将其调整向右；当车辆向右偏离轨道过多时，控制器则将其调整向左。当车辆接近轨道中心时，控制器会保持其直行。因此，控制器通过四种模态（Left、Right、Straight 和 Stop）来引导车辆的运动。在 Stop 模态下，车辆停止运动。四种模态下的车辆运动模型分别如下：

1）Straight 模态：当车辆已接近轨道中心且偏移量较小时，系统会自动切换至 Straight 模态，以保持车辆沿轨道平稳行驶，避免因频繁调整方向而导致的不稳定性。此时，车辆的运动方程为

$$\begin{cases}\dot{x}(t)=10\cos\theta(t)\\ \dot{y}(t)=10\sin\theta(t)\\ \dot{\theta}(t)=0\end{cases}\tag{7-2}$$

2）Left 模态：当车辆偏离轨道并向右偏移较多时，系统会自动切换至 Left 模态。此时，控制器检测车辆偏离的方向和幅度，并施加左转控制力，使车辆向左偏转，从而逐渐回归轨道方向。车辆的运动方程为

$$\begin{cases}\dot{x}(t)=10\cos\theta(t)\\ \dot{y}(t)=10\sin\theta(t)\\ \dot{\theta}(t)=\pi\end{cases} \tag{7-3}$$

3）Right 模态：当车辆偏离轨道且向左偏移较多时，系统会自动切换至 Right 模态。此时，控制器检测车辆偏离的方向和幅度，并施加右转控制力，使车辆向右偏转，从而逐渐回归轨道方向。车辆的运动方程为

$$\begin{cases}\dot{x}(t)=10\cos\theta(t)\\ \dot{y}(t)=10\sin\theta(t)\\ \dot{\theta}(t)=-\pi\end{cases} \tag{7-4}$$

4）Stop 模态：当系统检测到前方存在障碍物、紧急情况或其他需要停车的信号时，车辆将进入 Stop 模态。在该模态下，控制器会迅速减小车辆速度，直至完全停止。此时，车辆的运动方程为

$$\begin{cases}\dot{x}(t)=0\\ \dot{y}(t)=0\\ \dot{\theta}(t)=0\end{cases} \tag{7-5}$$

设 $e(t)$ 为车辆偏离轨道的位移，即偏移量。当 $e(t)<0$ 时，表示车辆偏向了轨道右侧，$e(t)>0$ 时表示其偏向了轨道左侧。为有效控制车辆，需要选择两个阈值，$0<\varepsilon_1<\varepsilon_2$。当偏移量较小，即 $|e(t)|<\varepsilon_1$ 时，可以认为车辆已足够接近轨道，此时车辆可以向前直行，处于 Straight 模态。如果 $e(t)>\varepsilon_2$（$e(t)$ 较大且为正），则车辆向左偏离太远，需要切换至 Right 模态进行右转调整。如果 $e(t)<-\varepsilon_2$（$e(t)$ 较大且为负），则车辆向右偏离过远，需要切换至 Left 模态进行左转调整。在此基础上，将偏移量 $e(t)$ 建模为车 辆位置的函数 f，有

$$\forall t, e(t)=f(x(t), y(t)) \tag{7-6}$$

7.1.3 车辆运动混杂模型建立

函数 f 显然依赖于环境特性，即轨道。接下来进行监督控制器的设计。设定两个阈值 $0<\varepsilon_1<\varepsilon_2$，当偏移量的绝对值较小，即 $|e(t)|<\varepsilon_1$ 时，可认为车辆已足够接近轨道，处于 Straight 模态，车辆继续向前行驶。当 $e(t)>\varepsilon_2$，即 $e(t)$ 较大且为正时，表示车辆已偏离轨道至左侧，需要右转，通过切换到 Right 模态进行调整。如果 $e(t)<-\varepsilon_2$，即 $e(t)$ 较大且为负，表示车辆偏离轨道至右侧，需要左转，通过切换到 Left 模态进行调整。

上述控制逻辑可通过图 7-2 中的模态转换图来表示。输入为纯信号 *stop* 和 *start*，分别模拟停车或起动车辆的操作。输出为车辆的位置 $x(t)$ 和 $y(t)$。初始模态是 Start，初始值为 (x_0, y_0, θ_0)。

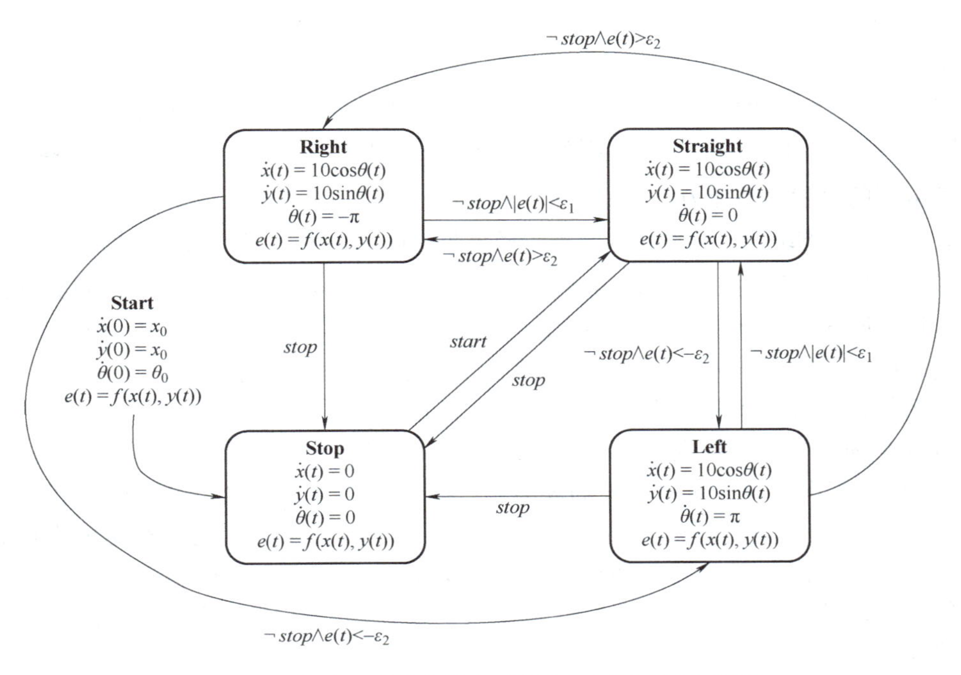

图 7-2　包含四种模态的自动驾驶车辆运动混杂模型

7.1.4　车辆运动轨迹演化分析

为了更直观地阐述自动驾驶车辆在不同驾驶模态下的运动特性，可以参考图 7-3 中所描绘的潜在轨迹演变过程来进行说明。

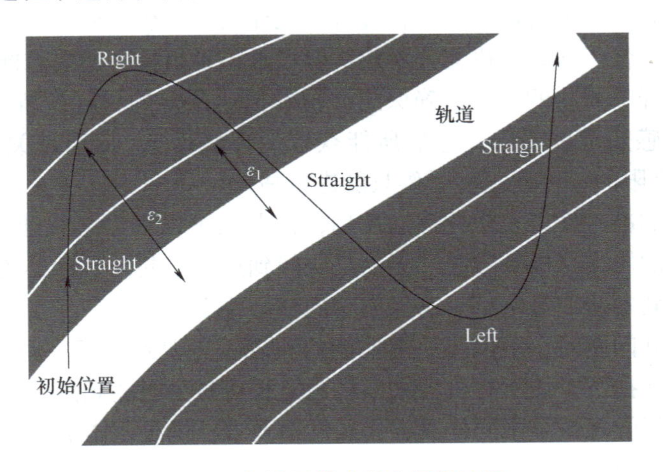

图 7-3　标注了模态的车辆轨迹图

在此示例中，车辆起初沿着一条近乎直线的路径平稳行驶。在这一阶段，车辆与理想轨道之间的横向距离保持在合理范围内，因此，系统选择维持 Straight 模态，以确保车辆能够持续稳定前进。

在某一时刻，车辆偏离轨道的程度超出预设容许范围，触发了自动驾驶系统的监控条件

$\neg stop \wedge e(t)>\varepsilon_2$，系统识别到需要调整轨迹，切换至 Right 模态，对偏航角进行适当调整以恢复轨道。

在 Right 模态下的短暂调整后，车辆重新行驶到预定轨道附近，一旦横向误差回到阈值 $\neg stop \wedge e(t)<\varepsilon_1$ 以内，系统会自动切换回 Straight 模态以保持稳定行驶。这一过程显示了系统对轨道偏离的自我调整能力。

随着行驶过程的继续，车辆再次出现轻微偏离，此次偏离方向相反，满足条件 $\neg stop \wedge e(t)<-\varepsilon_2$，触发了系统的 Left 模态切换。通过短暂的左转修正，车辆逐渐回归到轨道范围内，再度切换回 Straight 模态。这种模态的反复切换展示了自动驾驶系统根据车辆偏离情况进行自适应调整的能力，确保车辆始终维持在理想的行驶路径附近。

这个示例详细说明了控制系统的四大组成部分。首先，被控对象是由式(7-1)所定义的微分方程来描述的，其根据系统输入 $u(t)$ 和 $\omega(t)$ 来决定 t 时刻连续状态 $(x(t),y(t),\theta(t))$ 的演化。其次，被控对象所处的环境是一个封闭的轨道。第三个组件是传感器，其 t 时刻的输出 $e(t)=f(x(t),y(t))$ 给出了车辆相对于轨道的位置，这是实现精确控制的基础。第四个组件是由监督控制器和底层控制器共同构成的。监督控制器由四个模态和决定模态间切换的监督条件组成。底层控制器指定被控车辆在每个模态中如何确定系统输入 $u(t)$ 和 $\omega(t)$。

7.2 多机器人协同避障

7.2.1 机器人动态过程建模

自主移动机器人系统的协调设计，在混合系统建模与分析领域中，是一项极具挑战性的关键应用。在执行监督任务时，机器人不仅需要精准识别目标，还要有能力探索布局未知的房间，并且，在避开障碍物的同时，确保能够精确抵达预定的目标位置。但值得注意的是，由于每个机器人的感知范围受限，它们所能获取的环境信息(特别是关于障碍物位置的信息)往往是局部且有限的，因此很多时候只能进行估计。

为了提高估计的准确性以及优化运动规划，机器人可以借助无线通信手段来共享信息。同时，机器人之间的协作也极为重要。无论是协同到达一个共同目标，还是分工合作以完成多个任务，一个高效的协调策略都是确保成功的核心要素。

在解决这类设计问题时，不仅要注重功能的实现，更要致力于空间的优化。具体来说，希望在确保安全的前提下，使所有机器人以最短路径或最少时间到达目标。这类优化问题在智能车辆系统和飞行管理系统中同样具有代表性，要求在满足基本需求的同时，实现对系统的最优规划、协调与控制。

为具体说明建模过程，探讨如下问题：假设有两个自主移动机器人(R 和 R')，如何在避开两个障碍物(O_1 和 O_2)的同时，以最短路径到达目标点(x_f,y_f)，如图 7-4 所示。

假设这两个机器人都以固定的速度 v 移动。状态变量(x,y)表示机器人 R 的坐标，状态变量(x',y')表示机器人 R'的坐标，变量 θ 表示机器人 R 面向的角度，变量 θ'表示机器人 R'面向的角度。机器人的动态过程可由以下微分方程组描述：

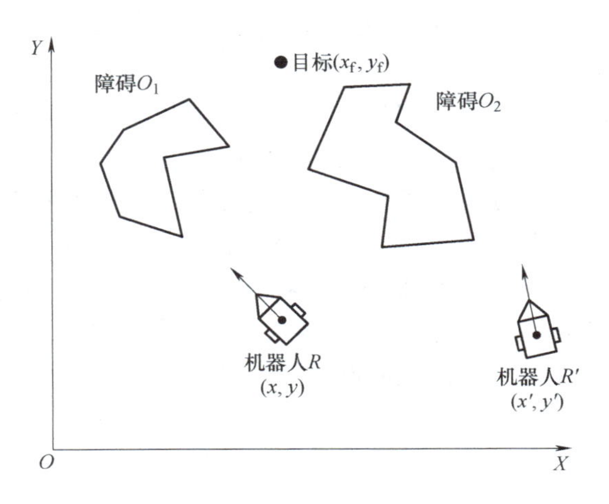

图 7-4　多机器人协同避障示意图

$$\begin{cases}\dot{x}=v\cos\theta\\ \dot{y}=v\sin\theta\\ \dot{x}'=v\cos\theta'\\ \dot{y}'=v\sin\theta'\end{cases} \tag{7-7}$$

7.2.2　障碍物估计

每个机器人均配备了一台摄像机，用于检测障碍物的大致位置。两个机器人可以相互通信，交换各自检测到的障碍物位置信息，从而获得更为准确的数据。使用摄像机精确映射复杂障碍物及规划避开这些障碍物的最优路径是计算密集型任务。为简化这一问题，采用多边形近似每个障碍物，并特别选择半径为 r 的圆作为障碍物的简化模型。这种圆形近似不仅能够覆盖整个障碍物区域，同时也最有可能反映障碍物的实际形状。

在机器人上，图像处理算法只需识别并返回这些圆的参数，而无须精确检测障碍物的实际边缘，从而显著减轻计算负担。随后，路径规划算法基于圆形近似障碍物计算避障路径，确保路径与实际障碍物不接触，从而满足安全性要求。虽然规划的路径可能不是到达目标的最短路径，但它能够确保机器人行驶过程中的安全性。

假设机器人估计的半径值与其离障碍物中心的距离呈线性关系。设 d 为机器人与障碍物中心的当前距离，r 为障碍物的实际半径，则机器人估计的半径可通过以下公式确定：

$$e=r+\alpha(d-r) \tag{7-8}$$

式中，α 是一个常量，且 $0<\alpha<1$。

在图 7-4 的情形中，存在两个障碍物。第一个障碍物可以建模为一个以(x_1,y_1)为圆心、半径为 r_1 的圆，第二个障碍物可以建模为以(x_2,y_2)为圆心、半径为 r_2 的圆。每个机器人根据自身与障碍物的距离估计障碍物的半径。此外，由于障碍物估计是一个计算量较大的任务，因此其估计值每隔 t_e 秒离散地更新一次。

7.2.3　规划算法

机器人 R 的任务是在避开两个障碍物 O_1 和 O_2 的情况下，找到一条从当前位置到目标位置的最短路径。对于障碍物 O_1，机器人 R 判断其占据的区域是一个以点(x_1, y_1)为圆心、半径为 e_1 的圆。同样，对于障碍物 O_2，机器人 R 判断其占据的区域是一个以点(x_2, y_2)为圆心、半径为 e_2 的圆，如图 7-5 所示。规划算法的目标是计算出一条从当前位置到目标位置的最短路径，并确保该路径不会与任何障碍物估计的圆形区域相交。

路径规划通常采用离散更新方式进行。在本设计中，路径规划算法每隔 t_p 秒调用一次，每次根据机器人当前位置、目标位置以及两个障碍物的圆形区域(包括其圆心坐标和半径)计算出机器人应采取的移动方向控制输入 θ。在两次调用之间，机器人的移动方向保持不变。假设路径规划算法由函数 plan 表示，其输入参数包括机器人当前位置、目标位置以及两个障碍物的圆心坐标和半径。该函数的返回值为机器人应采取的移动方向 θ。

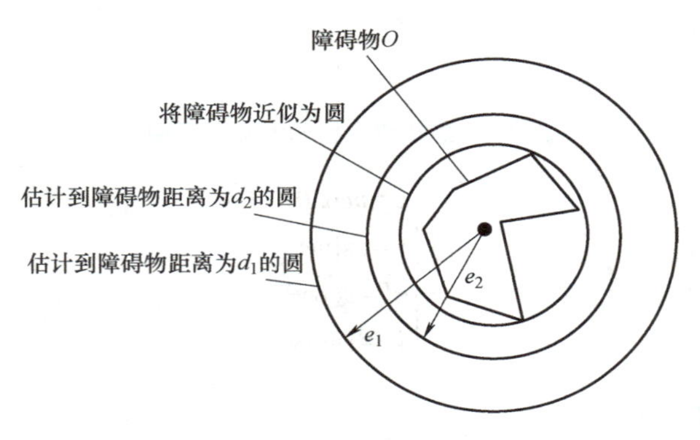

图 7-5　障碍物的近似估计

规划算法的第一步是检查从机器人当前位置(x, y)到目标位置(x_f, y_f)的直线路径是否横穿两个估计障碍物图形的任何一个，如果不是，那么就选择这条直线路径；如果是，如图 7-6 所示，那么考虑当前位置(x, y)与两个障碍物圆相切的射线，方向 θ_1 和 θ_2 与第一个障碍物相切，方向 θ_3 和 θ_4 与第二个障碍物相切。如果某一方向与一个障碍物相切但穿过另一个障碍物，该方向将被排除。在剩余的选择中，规划算法选择通往目标位置的最短路径。

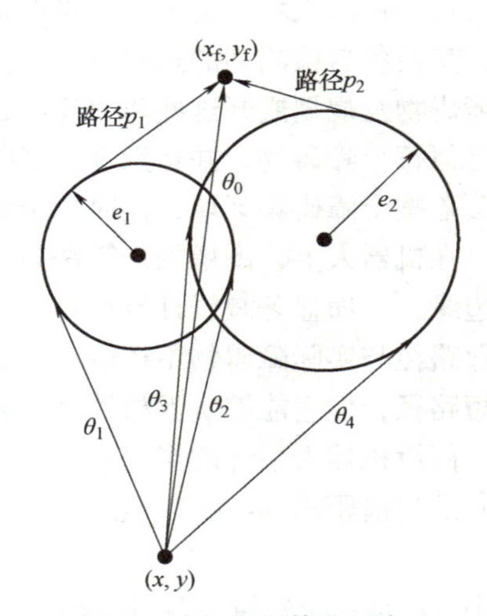

图 7-6　路径规划算法示意图

需要注意的是，机器人最初沿着 θ_1 开始移动，当规划算法再次被调用时，如果对障碍物的估计值发生变化，机器人可以根据更新的估计值调整其路径选择。例如，在本例中，当机器人沿着 θ_1 移动时，随着第一个障碍物圆形区域半径的减小，机器人会获得更准确的障碍物估计值。此时，机器人将逐步逆时针减少 θ_1 的值，从而朝着更靠近实际障碍物的方向移动。

接下来，将机器人模型描述为一个混杂模型。两个机器人的模型是对称的，其中一个机器人的混杂模型如图 7-7 所示。它使用了下列变量：一个输入通道 in，用于接收来自另一个机器人的障碍物半径的估计值；一个输出通道 out，用于将障碍物半径的估计值发送给另一个机器人。连续更新的变量 x 和 y 用于记录机器人的位置。e_1 和 e_2 用于记录两个障碍物半径的当前估计值。当前估计值根据初始机器人位置与两个障碍物中心之间的距离变量 e_1 和 e_2 的初始值得出，并随着障碍物估计算法的执行不断更新。状态变量 θ 用于记录机器人当前移动的方向。

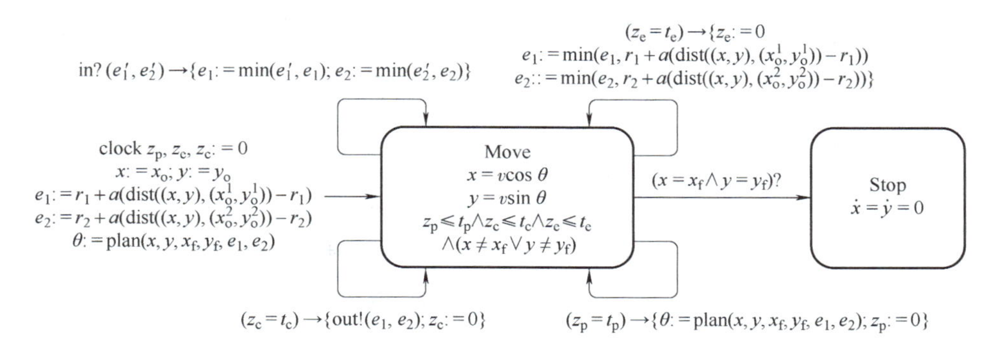

图 7-7　机器人协同避障混杂自动机模型

7.2.4　仿真实验

使用 MATLAB 进行仿真实验，绘制两个机器人的运行轨迹。仿真参数见表 7-1。

表 7-1　仿真参数配置

参数	数值
机器人 R 的初始位置	(4.5,2)
机器人 R'的初始位置	(10,2)
目标位置	(6,10)
障碍物 O_1 的中心	(3.7,7.5)
障碍物 O_2 的中心	(7,7)
障碍物 O_1 的半径	0.9m
障碍物 O_2 的半径	1.25m
机器人的移动速度 v	0.5m/s
障碍物估计中使用的系数 α	0.12
执行路径规划算法的时间周期 t_p	2s
机器人更新障碍物估计值的时间间隔 t_e	2s
传送障碍物估计值的时间周期 t_c	2s 或 6s

机器人避障实验结果如图 7-8 所示。可以得出，当 $t_c=2s$ 时，机器人 R 到达目标点的距离为 8.40m，机器人 R'到达目标点的距离为 9.13m。当 $t_c=6s$ 时，机器人 R 到达目标点的距离为 8.70m，机器人 R'到达目标点的距离为 9.13m。

综上可见，t_c 越小，两个机器人之间的通信频次越高，从而对障碍物半径的估计越准确，避障路径更优，最终到达目标点的距离也越短。

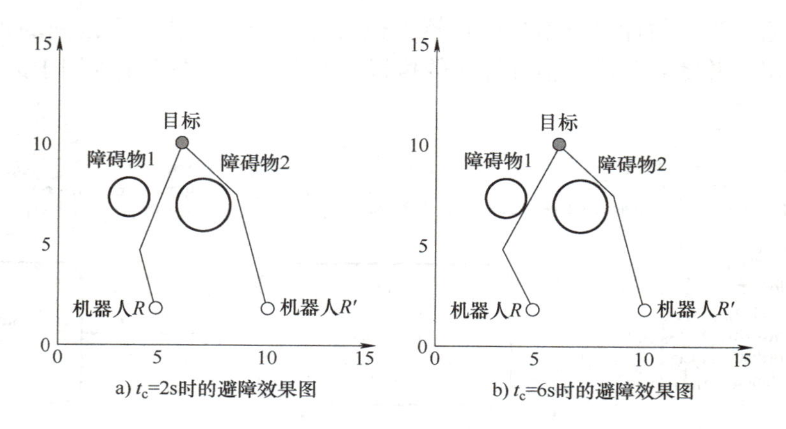

图 7-8 机器人避障实验结果图

7.3 多旋翼安全决策设计

本节介绍一个多旋翼安全决策自动机的设计实例，以实现安全可靠的飞行。多旋翼飞行器的主要部件包括：自驾仪、全球卫星导航系统、电子罗盘、惯导系统、气压计以及动力系统。在这个实例中，飞行器仅利用遥控器实现半自主控制，而不使用地面站。如图 7-9 所示为多旋翼飞行器控制效果图。

首先，关于多旋翼飞行器做如下假设：①飞控手可通过遥控器解锁多旋翼，允许其起飞；同时可以手动控制多旋翼着陆并加锁，使其无法飞行。②飞控手可通过遥控器控制多旋翼的飞行、返航及自动着陆。③在全球卫星导航系统、电子罗盘和气压计均正常工作的情况下，多旋翼可以定点悬停。④若多旋翼未安装全球卫星导航系统或电子罗盘，或者全球卫星导航系统和电子罗盘存在不健康状态时，多旋翼可以定高悬停。⑤若多旋翼的气压计不健康，多旋翼可以实现姿态自稳定。

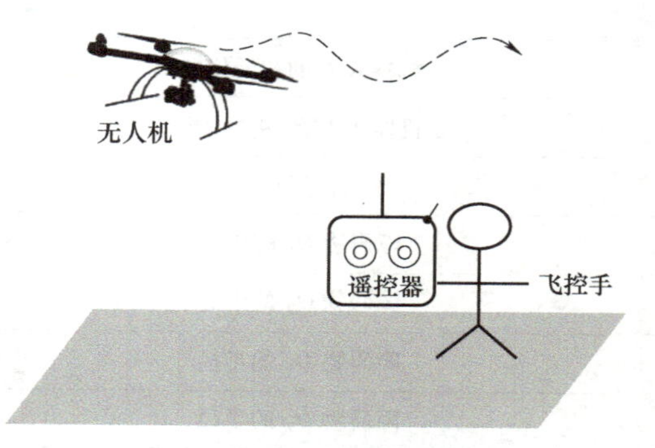

图 7-9 多旋翼飞行器控制效果图

利用自动机实现多旋翼决策需要首先明确多旋翼状态、飞行模态以及多旋翼可能发生的事件，并在此基础上构建状态转移条件和转移方式。需要指出的是，自动机的构建不仅将安全问题、健康监测和失效保护有机结合起来，同时可以清晰地看到并理解多旋翼的决策过程。

7.3.1 多旋翼状态和飞行模态定义

多旋翼从起飞到着陆的整个飞行过程以多旋翼状态和各类飞行模态为基础。因此，明确多旋翼状态和飞行模态的定义，是多旋翼决策的重要前提。在这里，首先定义三种多旋翼状态。

1. 断电状态(POWER OFF STATE)

断电状态指飞行器断开电源的状态。在此状态下，用户可对飞行器进行硬件拆卸、改装或替换。

2. 待命状态(STANDBY STATE)

当飞行器接通电源模块后，立即进入预飞行状态，即待命状态。在此状态下，飞行器初始为未解锁状态。用户可手动尝试解锁飞行器，系统将进行安全检查，并根据检查结果跳转至下一状态。

3. 地面错误状态(GROUND_ERROR STATE)

地面错误状态表示飞行器在地面检测到存在安全问题。在此状态下，蜂鸣器发出警报提醒用户系统存在错误。

进一步，定义三种飞行模态。

1. 人工飞行模态(MANUAL FLIGHT MODE)

人工飞行模态允许用户手动控制多旋翼。该模态包含三个子模态，分别为定点模态(LOITER MODE)、高度保持模态(ALTITUDE HOLD MODE)和自稳定模态(STABILIZE MODE)。

(1) 定点模态

定点模态根据期望的位置 $\boldsymbol{P}_{\mathrm{d}}=\boldsymbol{P}_{\mathrm{dold}}$ 和偏航角 $\psi_{\mathrm{d}}=\psi_{\mathrm{dold}}$ 生成期望总拉力和力矩。四个摇杆回到中间位置的时刻分别记为 $t_{\psi_{\mathrm{d}}}$、t_{zd}、t_{xd}、t_{yd}。这些时刻的估计量分别记为 $\psi_{\mathrm{dold}}=\hat{\psi}(t_{\psi_{\mathrm{d}}})$、$P_{\mathrm{zdold}}=\hat{P}_{\mathrm{z}}(t_{\mathrm{zd}})$、$P_{\mathrm{xdold}}=\hat{P}_{\mathrm{x}}(t_{\mathrm{xd}})$、$P_{\mathrm{ydold}}=\hat{P}_{\mathrm{y}}(t_{\mathrm{yd}})$。定点模态将控制多旋翼悬停在 $\boldsymbol{P}_{\mathrm{d}}=\boldsymbol{P}_{\mathrm{dold}}$，并保持偏航角为 $\psi_{\mathrm{d}}=\psi_{\mathrm{dold}}$。定点模态通常在高度测量传感器和位置传感器都可用的时候使用。

(2) 高度保持模态

高度保持模态根据期望高度 $P_{\mathrm{zd}}=p_{\mathrm{zdold}}$，期望水平位置 $\boldsymbol{P}_{\mathrm{hd}}=\boldsymbol{P}_{\mathrm{h}}$ 和期望偏航角 $\psi_{\mathrm{d}}=\hat{\psi}$ 生成期望总拉力和力矩。这里，$\boldsymbol{P}_{\mathrm{hd}}=\boldsymbol{P}_{\mathrm{h}}$ 意味着 $\theta_{\mathrm{d}}=\phi_{\mathrm{d}}=0$。

(3) 自稳定模态

自稳定模态根据期望位置 $\boldsymbol{P}_{\mathrm{d}}=\boldsymbol{P}$ 和期望偏航角 $\psi_{\mathrm{d}}=\hat{\psi}$ 生成期望总拉力和力矩。

一般情况下，当多旋翼处于人工飞行模态时，默认飞行模态为定点模态。若多旋翼未安装全球卫星导航系统与电子罗盘，或全球卫星导航系统与电子罗盘状态异常，飞行模态会降级为高度保持模态；若气压计状态异常，则飞行模态进一步降级为自稳定模态。

2. 返航模态(RETURN-TO-LAUNCH MODE)

在该模态下，多旋翼会从当前位置返回到飞机起飞位置(HOME POSITION)，并在此处悬停。在该过程中，多旋翼会先上升到预先设置好的高度(RTL_ALT，APM 中默认高度为 15m)，或者保持当前高度(当前高度大于 RTL_ALT)，然后再飞往起飞位置。自驾仪主要利用气压计通过测量大气压来确定高度。当由于恶劣天气导致大气压发生变化时，多旋翼会跟随大气压变化而改变高度(除非多旋翼离地面较近，且装有超声波测距模块)。

3. 自动着陆模态(AUTO-LANDING MODE)

在该模态下，多旋翼通过调整油门，结合气压计测量高度，实现自动着陆。

7.3.2　多旋翼飞行事件定义

多旋翼飞行事件的定义是多旋翼状态和飞行模态切换的基础，也是多旋翼决策的重要依据。本节主要定义两类事件：人工输入事件和飞行器自身事件。

人工输入事件指飞控手通过遥控器或地面站发出指令，这些指令用于改变多旋翼的状态或飞行模态。主要包括以下内容：

*PE*1：解锁指令（$-1 \to 1 \to -1$：解锁，飞行器可起飞；$-1 \to 0 \to -1$：加锁，飞行器不可起飞）。该指令通过遥控器的摇杆进行赋值操作。当遥控器的两个摇杆都处于中间位置时，$PE1=-1$；当飞控手尝试解锁飞行器时，$PE1=-1 \to 1$，松开摇杆后，$PE1=1 \to -1$；同理，当飞控手尝试对飞行器加锁时，$PE1=-1 \to 0$，松开摇杆后，$PE1=0 \to -1$。

*PE*2：人工操作指令（1：人工飞行指令；2：返航指令；3：自动着陆指令）。该指令通过遥控器上的 3 位开关进行赋值操作。

飞行器自身事件主要是指飞行器在飞行过程中，由于其自身原因触发的事件，该类事件与人工操作无关，大多取决于机上各部件的工作状态。

*QE*1：惯导系统健康（1 表示健康；0 表示不健康）。

*QE*2 ：全球卫星导航系统健康（1 表示健康；0 表示不健康）。

*QE*3：气压计健康（1 表示健康；0 表示不健康）。

*QE*4：电子罗盘健康（1 表示健康；0 表示不健康）。

*QE*5：动力系统执行机构健康（1 表示健康；0 表示不健康）。

*QE*6：遥控器连接正常（1 表示正常；0 表示不正常）。

*QE*7：电池电量充足（1 表示充足；0 表示不充足，但支持返航；-1 表示不支持返航）。

7.3.3 多旋翼安全决策自动机构建

多旋翼安全决策的核心在于利用自动机方法，将多旋翼状态、飞行模态和飞行器事件有机结合，以实现多旋翼的安全、可靠飞行。基于前述定义的多旋翼状态、飞行模态及飞行器事件，如图 7-10 所示，可以构建如下自动机模型。

图 7-10 中，$Ci(i=1,2,\cdots,21)$表示相应的转移条件，具体描述为：

C1：打开电源。

C2：关闭电源。

C3：

$$\begin{cases} PE1=-1 \to 1 \to -1 \&\& PE2=1 \&\& QE1=1 \&\& \\ QE5=1 \&\& QE6=1 \&\& QE7=1 \end{cases} \tag{7-9}$$

该条件为多旋翼的成功解锁条件。当飞控手发出解锁指令（$PE1=-1 \to 1 \to -1$）时，多旋翼进行自检，若惯导系统、动力系统执行机构健康（$QE1=1 \&\& QE5=1$），遥控器连接正常（$QE6=1$），电池电量充足（$QE7=1$），且人工操作指令处于人工飞行（$PE2=1$），则多旋翼解锁，从 STANDBY 状态切换到 MANUAL FLIGHT 状态。

C4：

$$\begin{aligned} &PE2=3 \| QE1=0 \| QE2=0 \| QE3=0 \| \\ &QE4=0 \| QE5=0 \| QE7=-1 \| (d \leqslant d_T \ for \ t>t_T) \end{aligned} \tag{7-10}$$

该条件为多旋翼加锁条件，包括手动加锁和自动加锁两种情况。手动加锁是指用户手动完成加锁动作（$PE1=-1 \to 0 \to -1$），且要求多旋翼位于地面上（小于给定高度，$z=z_T$）；自动加锁是指多旋翼油门小于给定值，且时间大于给定时间之后（$F<F_T \ for \ t>t_T$）的自动加锁。同时，若加锁时惯导系统、动力系统执行机构均健康（$QE1=1 \&\& QE5=1$），且遥控器连接正

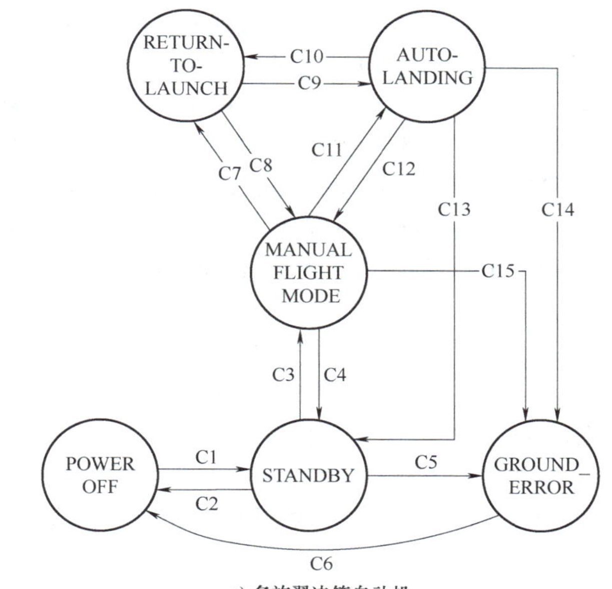

a) 多旋翼决策自动机

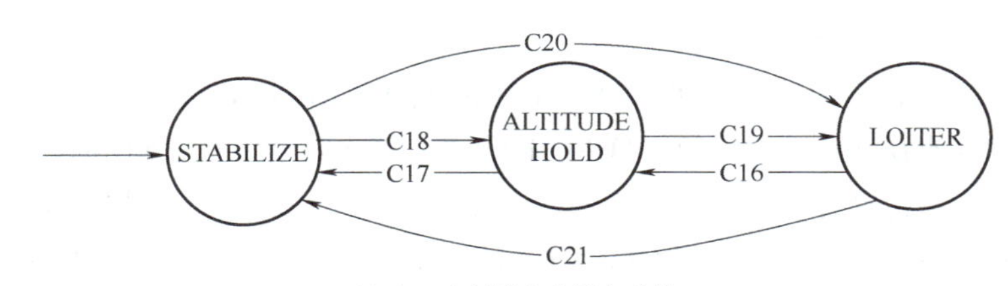

b) 人工飞行模态内部自动机

图 7-10　多旋翼安全决策自动机模型

常($QE6=1$)，则多旋翼从 MANUAL FLIGHT 模态切换到 STANDBY 状态。若惯导系统、动力系统执行机构不健康，则切换到 GROUND-ERROR 状态，详见 C15。

C5：

$$PE1=-1\rightarrow 1\rightarrow -1 \&\& (QE1=0 \| QE6=0 \| QE7\neq 1) \tag{7-11}$$

该条件为多旋翼的不成功解锁条件。当飞控手发出解锁指令($PE1=-1\rightarrow 1\rightarrow -1$)时，多旋翼进行自检，若惯导系统存在不健康($QE1=0$)，或遥控器连接异常($QE6=0$)，又或电池电量不充足($QE7\neq 1$)的情况，则多旋翼不能成功解锁，从 STANDBY 状态切换到 GROUND-ERROR 状态。

C6：

Power Cutoff for Maintenance

该条件是指多旋翼由于需要更换不健康部件或者进行人工健康检查而切断电源。一旦所有不健康部件都已被替换或调试完毕，重新上电后，多旋翼将从 GROUND-ERROR 状态切换到 POWER OFF 状态。

C7：

$$\begin{cases}(QE1=1\&\&QE2=1\&\&QE3=1\&\&QE4=1\&\&QE5=1\&\&d>d_{\mathrm{T}})\&\& \\ [(PE2=2\&\&QE7\geqslant 0)\|(QE6=0\&\&QE7\geqslant 0)\|(QE7=0)]\end{cases} \tag{7-12}$$

该条件描述多旋翼从 MANUAL FLIGHT 模态切换到 RETURN-TO-LAUNCH 模态，存在三种情形：①飞控手手动切换模态($PE2=2$)，此时要满足电池电量充足($QE7\geqslant 0$)的条件；②当遥控器存在健康问题($QE6=0$)时，自动切换到 RETURN-TO-LAUNCH 模态，此时也要满足电池电量充足($QE7\geqslant 0$)的条件；③当电池电量不足，但可以支持返航($QE7=0$)时，自动切换到 RETURN-TO-LAUNCH 模态。同时，该条件还要求惯导系统、全球卫星导航系统、气压计、电子罗盘、动力系统执行机构均健康($QE1=1\&\&QE2=1\&\&QE3=1\&\&QE4=1\&\&QE5=1$)，且多旋翼与 HOME 点的距离大于设定阈值($d>d_{\mathrm{T}}$)。

C8：

$$\begin{cases}PE2=1\&\&QE1=1\&\&\\QE5=1\&\&QE6=1\&\&QE7=1\end{cases}\tag{7-13}$$

该条件描述多旋翼在返航过程中，飞控手利用遥控器将多旋翼从 RETURN-TO-LAUNCH 模态手动切换到 MANUAL FLIGHT 模态($PE2=1$)，同时要求惯导系统、动力系统执行机构健康($QE1=1\&\&QE5=1$)，遥控器连接正常($QE6=1$)，以及电量充足($QE7=1$)。

C9：

$$\begin{cases}PE2=3\,\|\,QE1=0\,\|\,QE2=0\,\|\,QE3=0\,\|\\QE4=0\,\|\,QE5=0\,\|\,QE7=-1\,\|\,(\text{对于 } t>t_{\mathrm{T}},d\leqslant d_{\mathrm{T}})\end{cases}\tag{7-14}$$

该条件描述多旋翼从 RETURN-TO-LAUNCH 模态切换到 AUTO-LANDING 模态，存在三种情形：①飞控手手动从 RETURN-TO-LAUNCH 模态切换到 AUTO-LANDING 模态($PE2=3$)；②当惯导系统、全球卫星导航系统、气压计、电子罗盘、动力系统执行机构存在不健康($QE1=0\,\|\,QE2=0\,\|\,QE3=0\,\|\,QE4=0\,\|\,QE5=0$)的情况时，自动切换到 AUTO-LANDING 模态；③当电池电量不足以支持返航时，自动切换到 AUTO-LANDING 模态($QE7=-1$)；④当多旋翼与 HOME 点的距离小于设定阈值时($d\leqslant d_{\mathrm{T}}\ for\ t>t_{\mathrm{T}}$)，自动切换到 AUTO-LANDING 模态。

C10：

$$\begin{cases}PE2=2\&\&QE1=1\&\&QE2=1\&\&QE3=1\&\&\\QE4=1\&\&QE5=1\&\&QE7\geqslant 0\&\&d>d_{\mathrm{T}}\end{cases}\tag{7-15}$$

该条件是指飞控手手动从 AUTO-LANDING 模态切换回 RETURN-TO-LAUNCH 模态($PE2=2$)，切换时要保证惯导系统、全球卫星导航系统、气压计、电子罗盘和动力执行机构健康($QE1=1\&\&QE2=1\&\&QE3=1\&\&QE4=1\&\&QE5=1$)，电池电量充足($QE7\geqslant 0$)，且多旋翼与 HOME 点的距离大于设定阈值($d>d_{\mathrm{T}}$)。

C11：

$$PE2=3\,\|\,QE7=-1\,\|\,QE1=0\,\|\,QE5=0\,\|\,(QE6=0\&\&QE7\geqslant 0\&\&d\leqslant d_{\mathrm{T}})\tag{7-16}$$

该条件描述从 MANUAL FLIGHT 模态切换到 RETURN-TO-LAUNCH 模态，包括四种情形：①飞控手手动从 MANUAL FLIGHT 模态切换到 AUTO-LANDING 模态($PE2=3$)；②当电池电量突然下降且不足以支持返航时，自动切换到 AUTO-LANDING 模态($QE7=-1$)；③当惯导系统、动力系统执行机构存在健康问题时，自动切换到 AUTO-LANDING 模态($QE1=0\,\|\,QE5=0$)；④当遥控器存在健康问题($QE6=0$)时，自动切换到 AUTO-LANDING 模态，此时也要满足电池电量充足($QE7\geqslant 0$)且多旋翼与 HOME 点的距离小于设定阈值($d\leqslant d_{\mathrm{T}}$)的条件。

C12：

$$\begin{cases} PE2=1\&\&QE1=1\&\& \\ QE5=1\&\&QE6=1\&\&QE7=1 \end{cases} \tag{7-17}$$

该条件描述多旋翼在返航过程中，飞控手利用遥控器将多旋翼从 AUTO-LANDING 模态手动切换到 MANUAL FLIGHT 模态($PE2=1$)，同时要求惯导系统、动力系统执行机构健康($QE1=1\&\&QE5=1$)，遥控器联接正常($QE6=1$)，以及电量充足($QE7=1$)。

C13：

$$z<z_{\mathrm{T}}\&\&QE1=1\&\&QE3=1\&\&QE5=1 \tag{7-18}$$

该条件是指多旋翼在降落过程中，若多旋翼竖直方向的高度小于设定阈值($z<z_{\mathrm{T}}$)，且惯导系统、气压计和动力执行机构健康($QE1=1\&\&QE3=1\&\&QE5=1$)，则多旋翼成功降落并触发加锁，多旋翼从 AUTO-LANDING 模态切换到 STANDBY 状态。

C14：

$$\begin{cases} [z<z_{\mathrm{T}}\&\&(QE1=0\|QE5=0)]\| \\ [QE3=0\&\&(\text{stay in AUTO-LANDING for } t>t_{\mathrm{T}})] \end{cases} \tag{7-19}$$

该条件是指多旋翼在自动降落过程中，①若多旋翼竖直方向的高度小于设定阈值($z<z_{\mathrm{T}}$)且惯导系统和动力执行机构存在不健康($QE1=0\|QE5=0$)的问题；或②气压计不健康($QE3=0$)且多旋翼处于 AUTO-LANDING 模态超过设定时间，则多旋翼降落后，从 AUTO-LANDING 模态切换到 GROUND_ERROR 模态。

C15：

$$\begin{cases} [(PE1=-1\to0\to-1\&\&z<z_{\mathrm{T}})\|(F<F_{\mathrm{T}} \text{ for } t>t_{\mathrm{T}})]\&\& \\ (QE1=0\|QE5=0\|QE6=0) \end{cases} \tag{7-20}$$

参考 C4，若惯导系统和动力执行机构存在不健康($QE1=0\|QE5=0$)的问题，或遥控器连接异常($QE6=0$)，则多旋翼从 GROUND-READY 状态切换到 GROUND_ERROR 状态。

针对 MANUAL FLIGHT 模态中的三个子模态，同样给出降级条件。

C16：

$$QE2=0\|QE4=0$$

该条件是指当全球卫星导航系统或电子罗盘不健康($QE2=0\|QE4=0$)时，飞行模态从 LOITER 模态切换到 ALTITUDE HOLD 模态。

C17：

$$QE3=0$$

该条件是指当气压计不健康($QE3=0$)时，飞行模态从 ALTITUDE HOLD 模态切换到 STABILIZE 模态。

C18：

$$QE3=1\&\&(QE2=0\|QE4=0)$$

该条件是指当气压计健康($QE3=1$)，但全球卫星导航系统或电子罗盘不健康($QE2=0\|QE4=0$)时，飞行模态从 STABILIZE 模态切换到 ALTITUDE HOLD 模态。

C19：

$$QE2=1\&\&QE4=1$$

该条件是指当全球卫星导航系统且电子罗盘健康($QE2=1\&\&QE4=1$)时，飞行模态从 ALTITUDE HOLD 模态切换到 LOITER 模态。

C20：

$$QE2=1\&\&QE3=1\&\&QE4=1$$

该条件是指全球卫星导航系统、电子罗盘、气压计均健康($QE2=1\&\&QE3=1\&\&QE4=1$)

时，飞行模态从 STABILIZE 模态切换到 LOITER 模态。

C21：　　　　　　　　　　　　　$QE3=0$

该条件是指当气压计不健康($QE3=0$)时，飞行模态从 LOITER 模态切换到 STABILIZE 模态。

7.4 自主航天器交会

7.4.1 自主航天器交会模型建立

由于失败可能导致极高的成本，以及地面测试的局限性，形式化方法在空间系统中展现出独特的吸引力。基于可达性的自动安全验证首次被应用于卫星控制系统的研究。然而，在当时的研究中，混杂系统验证工具仅适用于线性混合系统，这限制了它们的应用范围，因为许多卫星控制问题涉及非线性的轨道动力学和复杂的非线性约束。在此，本节基于自主交会接近操作与对接(Autonomous Rendezvous Proximity Operations and Docking，ARPOD)问题进行案例研究。ARPOD 描述了一项整体任务，即通过一系列自主操作将模块形式发射的新空间站进行组装。

一个通用的 ARPOD 场景包含一个被动模块或目标(独立发射至轨道)以及一个追踪航天器，后者需将被动模块运送至轨道上的组装位置。追踪航天器会对目标保持相对方位的测量，但由于初始距离过远，其无法使用距离传感器。一旦距离测量数据可用，追踪航天器便能够获得更为精确的相对定位数据，从而能够调整自身位置与目标对接。对接过程必须满足特定的接近角度和闭合速度要求，以避免碰撞并确保两艘航天器的对接机构能够正确对接。

为简化讨论，这里仅考虑模型的二维(平面)问题。混杂模型的变量包括追踪航天器相对于目标的位置 x 和 y(单位为 m)、时间 t(单位为 min)，以及水平和垂直速度 v_x 和 v_y(单位为 m/s)。混杂自动机捕捉了交会对接操作的四个阶段。每个阶段通过追踪航天器与目标航天器之间的分离距离来定义，该距离从最初的 10m 逐渐缩小至 0m，最终在卫星对接后执行相关操作。

如图 7-11a 所示，追踪航天器从**阶段 1** 开始，此时分离距离 ρ 不可测量，系统处于不可观测状态，但接近角度 $\theta=\arctan(y/x)$ 是可用的。当分离距离 ρ 变得足够小时，任务进入**阶段 2**。在此阶段，追踪航天器可以测量到目标航天器的距离，并需调整自身位置，为**阶段 3** 的对接做好准备。当追踪航天器移动到 $\rho\leqslant 100$ 时，对接阶段(**阶段 3**)启动，并激活额外的对接端口约束。一旦航天器完成对接(即 $\rho=0$)，两个航天器进入**阶段 4**，此时联合体需移动至重定位位置(未在图 7-11 中显示)。如图 7-11b 所示，展示了航天器自主交会任务的混杂系统模型。

追踪航天器在每个离散模态下必须满足不同的约束条件。设计一种切换线性二次调节器(Linear Quadratic Regulator，LQR)，以在满足这些约束条件的同时，保持导航至目标航天器的活动性。如图 7-11b 所示的混杂系统模型，除了现有模态之外，该模型还包含一个被动模态(PASSIVE MODE)，在该模态下，追踪航天器的推进器被关闭。由于来自**阶段 2** 或**阶段 3** 的故障或动力丧失，系统可能会非确定性地转移到被动模态。描述追踪航天器相对于目标运动的非线性动态方程为

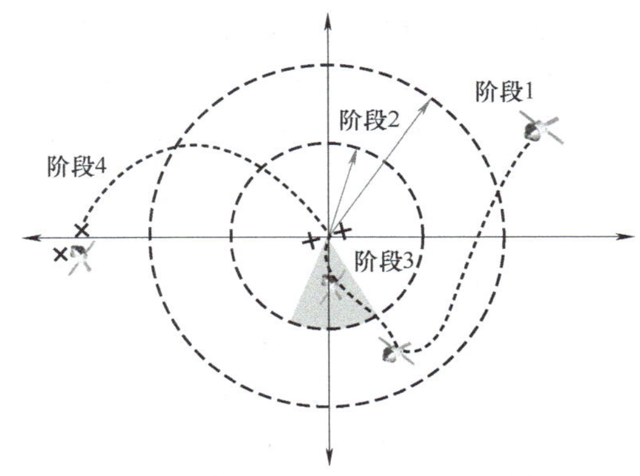

a) 整个飞行任务阶段的描述（未按比例）

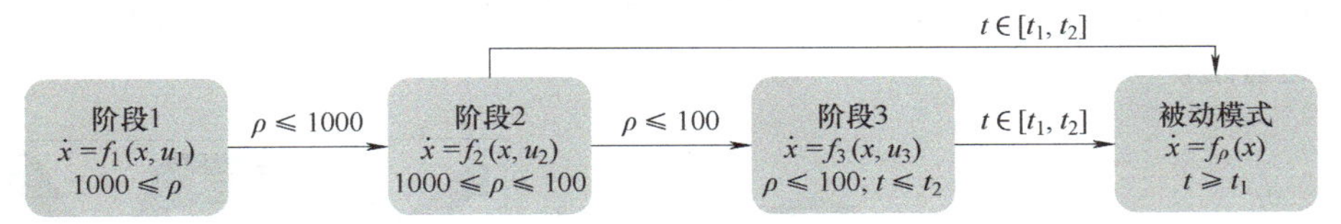

b) 航天器自主交会任务的混杂系统模型

图 7-11　航天器 ARPOD 系统模型

$$\begin{cases}\dot{x}=v_x\\ \dot{y}=v_y\\ \dot{v}_x=n^2x+2nv_y+\dfrac{\mu}{r^2}-\dfrac{\mu}{r_c^3}(r+x)+\dfrac{u_x}{m_c}\\ \dot{v}_y=n^2y-2nv_x-\dfrac{\mu}{r_c^3}+\dfrac{u_y}{m_c}\end{cases}\tag{7-21}$$

式中，

$$\mu=3.986\times10^{14}\times60^2\mathrm{m}^3/\mathrm{min}^2$$
$$r=4.2164\times10^7\mathrm{m}$$
$$m_c=500\mathrm{kg}$$
$$n=\sqrt{\frac{\mu}{r^3}}$$
$$r_c=\sqrt{(r+x)^2+y^2}$$

针对不同模态的线性反馈，控制器定义如下：**阶段 1** 的反馈控制为$(\boldsymbol{U}_x\quad u_y)^{\mathrm{T}}=\boldsymbol{K}_1\bar{\boldsymbol{x}}$，**阶段 2** 的反馈控制为$(\boldsymbol{U}_x\quad u_y)^{\mathrm{T}}=\boldsymbol{K}_2\bar{\boldsymbol{x}}$，其中，$\bar{\boldsymbol{x}}=(x\quad y\quad v_x\quad v_y)^{\mathrm{T}}$ 是系统状态向量。$\boldsymbol{K}_i$ 是通过 LQR 方法应用于线性化系统动力学得到的反馈矩阵。在被动模态(PASSIVE MODE)下，系统不受控，即$(\boldsymbol{U}_x\quad u_y)^{\mathrm{T}}=(0\quad 0)^{\mathrm{T}}$。

下面考虑一种场景：航天器初始位置为 $x\in[-925,-875]$，$y\in[-425,-375]$，初始速度为 $v_x=0$，$v_y=0$。在给定的时间范围 $t\in[0,200]$内，需要满足以下规范：

1) 视线约束(Line of Sight)：在**阶段 3** 中，航天器必须保持在视线圆锥内，满足条件：$\{(x\quad y)^{\mathrm{T}}\mid(x\geqslant-100)\wedge(y\geqslant x\tan30^\circ)\}$。

2）碰撞规避(Collision Avoidance)：在被动模态中，航天器必须避免与目标物发生碰撞。目标物被建模为一个边长为 0.2m 的立方体，其中心位于原点。

3）速度约束(Velocity Constraint)：在阶段 3 中，航天器的绝对速度必须低于 3.3m/min，即满足条件$\sqrt{v_x^2+v_y^2}<3.3$。

7.4.2 自主航天器交会仿真实验

使用 C2E2 验证带有 LQR 控制器的自主交会系统满足这些要求。如图 7-12a 所示是由 C2E2 生成的 x 轴与 y 轴的可达管道。Malladi 等人提出了一种不同的 ARPOD 控制策略，该策略描述了单个控制器的类别及其在闭环系统中应满足的特性，以确保符合 ARPOD 约束。基于这一描述，设计了一个监督器，用于稳健地协调各个控制器。通过将这些受控子系统视为黑箱，可以使用 DryVR 检查整个系统的安全性。图 7-12b 与图 7-12c 是由 DryVR 生成的 x 和 y 的可达管道。

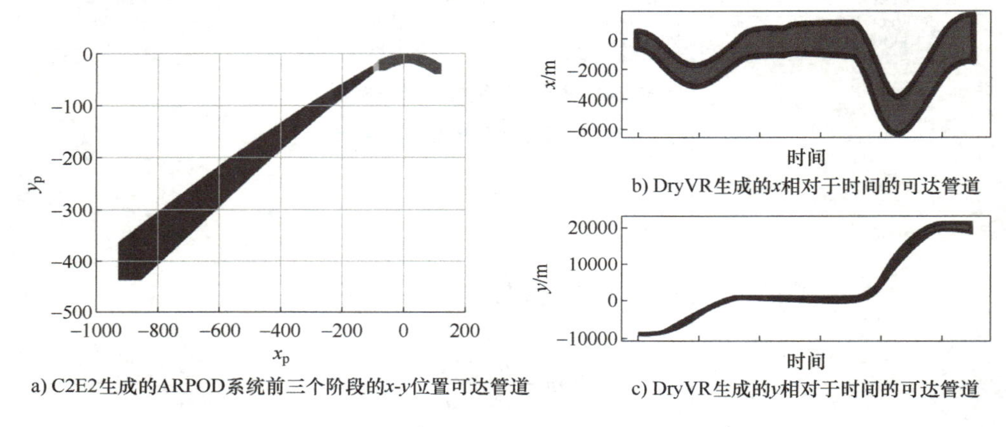

图 7-12 航天器系统使用 C2E2 和 DryVR 的可达性分析

本章小结

本章深入探讨了信息物理系统(CPS)在自动驾驶车辆、多机器人协同避障、多旋翼安全决策设计及自主航天器会合中的应用。首先，通过建立运动模型、设计控制器和构建混杂模型，分析了自动驾驶车辆的监督控制机制。随后，讨论了多机器人系统中的协同避障策略，以提高任务效率和确保安全性。接着，针对多旋翼飞行器，定义了飞行状态与事件，并构建了安全决策系统。最后，阐述了自主航天器交会混杂系统模型及其原理应用。这些研究不仅为实现智能化、自动化的信息物理系统提供了坚实的理论基础与实践指导，还展示了信息物理系统技术在提升系统性能和安全性方面的巨大潜力。

练习题

7-1 分析在自动驾驶车辆监督控制中不同 ε_1、ε_2 值的设置对车辆轨迹的影响。

7-2 如图 7-2 所示，证明当车辆处于 Left 模态或 Right 模态时，车辆的运动轨迹是圆形的。

7-3 分析在协同避障模型中，机器人间信息交互的重要性。

7-4 思考当出现磁干扰较大的情况时，处于定点模态、高度保持模态和自稳定模态的多旋翼分别会出现什么现象。

参考文献

[1] 邹理炎，虞忠潮. 智能汽车自动驾驶的控制方法分析[J]. 时代汽车，2022，(2)：180-181.

[2] 王亮，陈齐平，罗玉峰，等. 基于“Pure Pursuit”自动驾驶汽车的路径跟踪控制[J]. 汽车零部件，2021，(8)：1-7.

[3] 顾小川，李军. 自动驾驶车辆路径跟踪控制方法[J]. 汽车工程师，2019，(4)：11-14.

[4] 郑川，杜煜，刘子健. 自动驾驶汽车横向控制方法研究综述[J]. 汽车工程师，2024，(5)：1-10.

[5] NING X，LI Y，LIU Z. Improved Genetic Algorithm-Based Obstacle Avoidance Path Planning Method for Inspection Robots[C]//2023 2nd International Symposium on Control Engineering and Robotics (ISCER). Hangzhou：IEEE，2023：346-350.

[6] HAN L，WU X，SUN X. Hybrid path planning algorithm for mobile robot based on A* algorithm fused with DWA[C]//2023 IEEE 3rd International Conference on Information Technology，Big Data and Artificial Intelligence (ICIBA). Chongqing：IEEE，2023：1465-1469.

[7] ZHAO Z Y，QUAN Q，CAI K Y. A Modified Profust-Performance-Reliability Algorithm and Its Application to Dynamic Systems[J]. Journal of Intelligent and Fuzzy Systems，2017，32(1)：643-660.

[8] 全权. 多旋翼飞行器设计与控制[M]. 北京：电子工业出版社，2018.

[9] ZHAO Z Y，QUAN Q，CAI K Y. A Health Performance Prediction Method of Large-Scale Stochastic Linear Hybrid Systems with Small Failure Probability[J]. Reliability Engineering & System Safety，2017，165：74-88.

[10] 赵峙尧. 混杂动态系统健康评估及在多旋翼无人机中的应用[M]. 北京：北京大学出版社，2022.

[11] Guang-Xun Du，Quan Quan，Kai-Yuan Cai. Controllability Analysis and Degraded Control for a Class of Hexacopters Subject to Rotor Failures[J]. Journal of Intelligent & Robotic Systems，2015，78(1)：143-157.

[12] DUGGIRALA P S，MITRA S，VISWANATHAN M. Verification of annotated models from executions[C]//2013 Proceedings of the International Conference on Embedded Software (EMSOFT). Montreal：IEEE，2013：1-10.

[13] FAN C，QI B，MITRA S，et al. Automatic reachability analysis for nonlinear hybrid models with C2E2[C]//International Conference on Computer Aided Verification. Toronto：Springer，2016：531-538.

[14] JOHNSON T T，GREEN J，MITRA S，et al. Satellite rendezvous and conjunction avoidance：case studies in verification of nonlinear hybrid systems[C]//GIANNAKOPOULOU D，MÉRY D. FM'12：Proceedings of the International Symposium on Formal Methods. Lecture notes in computer science. Paris：Springer，2012，7436：252-266.

[15] JEWISON C，ERWIN R S. A spacecraft benchmark problem for hybrid control and estimation[C]//Proceedings of the 2016 IEEE 55th Conference on Decision and Control (CDC'16). Las Vegas：IEEE，2016：3300-3305.

[16] CHAN N，MITRA S. Verified hybrid LQ control for autonomous spacecraft rendezvous[C]//Proceedings of

the 2017 IEEE 56th Annual Conference on Decision and Control (CDC'17). Melbourne: IEEE, 2017: 1427-1432.

[17] CHAN N, MITRA S. Verifying safety of an autonomous spacecraft rendezvous mission[J]. arXiv preprint arXiv: 1703.06930, 2017.

[18] MALLADI B P, SANFELICE R G, BUTCHER E, et al. Robust hybrid supervisory control for rendezvous and docking of a spacecraft [C]//Proceedings of the 2016 IEEE 55th Conference on Decision and Control (CDC'16). Las Vegas: IEEE, 2016: 3325-3330.